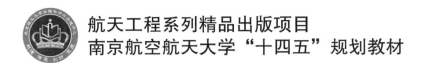

航天工程系列精品出版项目

南京航空航天大学"十四五"规划教材

航天器轨道动力学
实践教程

高有涛　张汉清　编著

U0339997

北京理工大学出版社

BEIJING INSTITUTE OF TECHNOLOGY PRESS

内 容 简 介

本书通过提炼"航天器轨道动力学"课程涉及的知识点，设计相应的实验，以辅助学生从实践的角度理解所学知识。全书分为基础理论和实验仿真两部分，其中实验仿真部分涵盖了轨道计算、初始轨道确定、相对轨道运动、轨道机动和行星际轨道设计等内容。

本书既可作为航天器轨道相关专业的实验教材，也可作为非航天器轨道动力学相关专业学生自学轨道相关知识的参考书。

图书在版编目（CIP）数据

航天器轨道动力学实践教程／高有涛，张汉清编著
.--北京：北京理工大学出版社，2022.6
ISBN 978-7-5763-1362-8

Ⅰ.①航… Ⅱ.①高… ②张… Ⅲ.①航天器轨道 –
轨道力学 – 教材 Ⅳ.①V412.4

中国版本图书馆 CIP 数据核字（2022）第 095775 号

出版发行／北京理工大学出版社有限责任公司
社　　址／北京市海淀区中关村南大街 5 号
邮　　编／100081
电　　话／（010）68914775（总编室）
　　　　　（010）82562903（教材售后服务热线）
　　　　　（010）68944723（其他图书服务热线）
网　　址／http://www.bitpress.com.cn
经　　销／全国各地新华书店
印　　刷／保定市中画美凯印刷有限公司
开　　本／787 毫米 × 1092 毫米　1/16
印　　张／10.75
彩　　插／2　　　　　　　　　　　　　　　　　　责任编辑／曾　仙
字　　数／225 千字　　　　　　　　　　　　　　文案编辑／曾　仙
版　　次／2022 年 6 月第 1 版　2022 年 6 月第 1 次印刷　　责任校对／刘亚男
定　　价／48.00 元　　　　　　　　　　　　　　责任印制／李志强

目前，理论课程教材《轨道力学》[1]已被国内外多所高校选为授课教材，得到了师生的一致好评，本书是对该教材的补充。编者在教学工作中，切实体会到需要有一本与之对应的实践教材指导学生进行相应的实验和课程设计，因此编者从 2012 年开始准备与轨道动力学相关的实验和课程设计内容。本书的主要内容为轨道力学相关算法和综合实验的设计，这部分内容来自编者多年来讲授"航天器轨道动力学"课程中的实验和课程设计内容。书中的相关实验已经历了近 9 届学生的使用和改进；部分综合实验题目来自编者负责的课题项目，编者将其与航天器轨道动力学相关知识点契合，以设计能用于锻炼学生解决实际问题的实验内容。

本书可作为"航天器轨道动力学"这门理论性较强的课程的实验教学参考书，而且可以指导学生将所学的理论知识与实践相结合，锻炼其分析问题、解决问题的能力，以加深对所学知识的理解。

全书共分 13 章，第 1 章和第 2 章是基础理论部分，第 3 章～第 13 章是实践部分。基础理论部分是在《轨道力学》教材的基础上提炼知识点，以作为本书的基础知识部分，便于没有学习过"航天器轨道动力学"课程的学生也能在本书的指导下完成与轨道动力学相关的实验。实践部分分为两部分：第一部分是对"航天器轨道动力学"课程中基本算法的实验，其中对每个算法都有相应的子程序供学生动手练习，且在子程序后附有对应的实验题，便于学生加深对所学知识的理解；第二部分是综合实验，实验主题涵盖了航天器的轨道计算、轨道确定、轨道控制、行星际轨道设计，要求学生利用所学知识解决与轨道设计、计算相关的一些综合问题，以锻炼学生解决问题、学会应用所学知识的能力。

本书注重实验内容的设计，不限定具体实验工具，学生既可以通过

MATLAB 进行仿真实验，也可以利用 Mathematica、C++ 完成实验，从而扩大受用群体，让更多读者通过实验、实践学好"航天器轨道动力学"这门课程。

本书由高有涛、张汉清编写，其中第 1、2、4、5、6、8、9 章由高有涛编写，第 7、10、11、12、13 章由张汉清编写，第 3 章由高有涛、张汉清共同编写。

本书是在南京航空航天大学"校十四五规划教材项目"和南京航空航天大学航天学院"航天工程系列精品出版项目"的资助下完成的，在此感谢教务处和学院领导在本书编写过程中给予的大力支持。

限于编者的知识水平，书中难免存在疏漏之处，诚恳广大读者以及同行专家不吝赐教，予以斧正。

高有涛
2022 年 4 月

目　录
CONTENTS

第 1 章

"航天器轨道动力学" 实验的基本要求

1.1 实验教学的基本任务

实验是学生掌握、运用所学理论知识的重要环节，尤其对"航天器轨道动力学"这门理论概念较深、较抽象、实践性较强的课程来说，实验更是必不可少。

"航天器轨道动力学"实验教学的基本任务：学生能在掌握航天器轨道动力学理论的基本概念、原理和轨道设计方法的基础上，通过实际操作来深入理解所学的理论知识，掌握有关轨道设计和轨道控制方法的相关知识，加深对航天器轨道动力学相关理论与算法的理解，提高工程意识和基本科研素养，为将来参与航天器轨道相关的理论研究、轨道设计及轨道测控等工作奠定基础。

1.2 实验过程的基本要求

实验过程主要分为三个环节——实验预习、上机操作和撰写实验报告，这三个环节相辅相成，缺一不可。

1.2.1 实验预习

实验预习包括对实验用到的理论知识的预习和对实验工具、设备、方法的预习。通过实验预习，可为实验实施做好准备。预习要求如下：

(1) 认真阅读实验指导书，明确实验目的、实验内容、实验方法和工作原理。

(2) 复习相关的理论知识，了解实验考察的知识点、算法。

(3) 熟悉实验需要用到的 MATLAB 和 Mathematica 指令。

(4) 设计实验路线、操作步骤，找出问题并带着问题进实验室。

(5) 写实验预习报告。

1.2.2 上机操作

本课程涉及的实验是通过 MATLAB 或 Mathematica 进行仿真实验，无须其他硬件设备，学生须以科学严谨、严肃认真的态度对待每个实验，形成良好的实验习惯。在实验过程中，应注意个人及实验设备的安全。操作要求如下：

（1）在上机操作前，要提交实验预习报告。

（2）根据预习内容，首先了解实验环境，熟悉操作界面、指令。

（3）根据所设计的实验步骤进行操作，仔细观察实验过程和现象，真实记录实验结果。

（4）在实验过程中，要注重能力的培养。实验程序的编写只是第一步，初次编写的程序往往会有错误，因此程序调试的过程就是故障排除的过程，也有助于提高自己的实验技能，学生要从理论和实验操作两方面入手学会排除实验故障。

1.2.3　撰写实验报告

实验报告既是对实验过程和实验结果的记录，也是对整个实验的思考和总结，学生应独立完成，并及时上交。实验报告的书写要规范，格式要正确。实验报告的内容应客观真实，有实验数据支撑。写实验报告时，应注重理论分析与实验数据的有机结合，而不是简单地堆砌数据、罗列结果。

1. 实验报告封面

实验报告封面是统一的，包含实验课程名称、学生姓名、学号、实验老师、实验时间。

2. 书写实验报告

实验报告的书写是一项重要的基本技能训练。本科阶段的学生参与科学论文写作的机会比较少，实验报告的撰写为本科生提供了机会来培养和训练自己的逻辑归纳能力、综合分析能力和文字表达能力。实验报告的项目包括：实验目的、实验设备（环境）及要求、实验原理、实验内容、实验步骤、实验结果、实验结论、实验总结。经过全面分析后，实验者用简练、通顺的文字把所做的实验内容清楚地展示。

实验报告的主要项目与格式如下：

实验目的：

××

实验设备（环境）及要求：

××

实验原理：

××

实验内容：

××

实验步骤：

×××

实验结果：

×××

实验结论：

×××

实验总结：

×××

1）实验目的

实验目的要明确，主要体现在理论和实践两方面。在理论方面，实验者要明确通过本次实验验证的定理、公式、算法；在实践方面，实验者要掌握使用实验设备的技能、技巧，或算法程序的编写、调试方法。

2）实验设备（环境）及要求

实验者应列出在实验中需要用到的实验材料、实验设备（包括设备的软硬件环境）以及对自然环境的要求。

3）实验原理

实验原理是实验设计的依据和思路，是设计实验的基础。要研究实验，只有明确实验的原理，才能真正掌握实验的关键、操作的要点，进而进行实验的设计、改造和创新。

4）实验内容

这是实验报告最重要的部分，可以从理论和实践两个方面考虑。这部分要写明依据何种原理、定律算法或操作方法进行实验，以及详细的理论计算过程。

5）实验步骤

在这部分应列出实验操作的主要步骤，要简明扼要，不要照抄实习指导，应尽可能画出实验流程图，再配以相应的文字说明。这样既可以避免冗长的文字说明，又能使实验报告简明扼要、清楚明白。

6）实验结果

实验结果主要是对实验现象的描述和实验数据的处理。根据实验目的，将原始资料系统化、条理化，用准确的专业术语客观地描述实验现象和结果，并辅以时间顺序及各项指标在时间上的关系；同时，采用表格或图的方式展示实验结果，会更加突出、清晰，便于比较。

7）实验结论

实验结论既不是具体实验结果的再次罗列，也不是对今后研究的展望，而是针对这一实验所能验证的概念、原则或理论的简明总结，是从实验结果中归纳出的一般性、概括性的判断，应简练、准确、严谨、客观。

8）实验总结

实验总结既包括对实验过程的总结，又包括对实验结果的总结，以达到对理论的深化理解，对工程实现的充分认识。如果实验过程顺利，则分析能够保证实验顺利进行并得到理想实验结果的内在因素和外在因素；如果实验过程不顺利或结果不理想，则要找出原因以及以后实验应该注意的事项。另外，也可以写一些本次实验的心得以及提出一些问题或建议等。

第 2 章

航天器轨道运动基础

2.1 时间系统

时间系统是轨道计算的首要基础，时间概念的产生源自人类生产生活的需要。白昼和黑夜的交替，月圆和月缺的轮换，炎夏和寒冬的往复，自然界这些周期发生的现象与人类的生存息息相关，很自然地成为计时的依据，从而抽象出日、月和年的概念[2]。在对与航天器相关的学习过程中，需要用到多个时间系统。

1. 太阳时

要了解太阳时，得先了解太阳日的概念。太阳日是指一个昼夜的周期，即以太阳的视圆面中心为参考点，日地中心连线连续两次与某地经线相交的时间间隔。太阳日是依据太阳运动所定义的时间，可以分为真太阳日和平太阳日。真太阳日是依据视太阳定义的，也就是真实的太阳两次经过该地的子午线的时间间隔，可以使用日晷来测量。平太阳日是以平太阳为参考点，以平太阳连续两次经过上中天的时间间隔定义，转 $360°59'$ 需 24 小时。更明确地说，平太阳日是经由观察太阳相对于恒星的周日运动所获得的平均太阳时，再经由人为调整而显示在时钟上的时间。平太阳日的长度是固定的，为 24 小时，在一年中不会因为昼夜长短的变化而改变。

以真太阳日为标准来计算的称为真太阳时，日晷所表示的时间就是真太阳时。以平太阳日为标准来计算的称为平太阳时，钟表所表示的时间就是平太阳时。也就是说，我们日常用的计时是平太阳时。平太阳时假设地球绕太阳的轨迹是标准的圆形，一年中每天都是均匀的。北京时间属于平太阳时，每天都是 24 小时。实际上，太阳日是太阳时的计时单位，选取不同的时间计量起点会产生不同的时间系统。例如，以平太阳经过格林尼治子午线下中天的时刻开始计时的太阳时称为世界时（UT），以平太阳经过某地所在子午圈下中天的时刻开始计时的太阳时称为某地的地方时。

2. 恒星时

恒星时是指以地球相对于恒星的自转周期为基准的时间计量系统。在实际应用时，经常选用春分点代替恒星作为参考基准，春分点相继两次在同一地点上中天所经历的时间称为恒星日（为 23 时 56 分 4.09 秒平太阳时），并以春分点在该地上中天的瞬间作为这个计量系统的起点，即恒星时为零时，用春分点时角来计量。为了便于计量，把恒星日分成 24 个恒星小时，一恒星小时分为 60 恒星分，一恒星分分为 60 恒星秒。这些单位统称为计量时间的恒星时单位，简称恒星时单位。按上述系统计量时间，在天文学中称为恒星时。

3. 儒略日

儒略日是在儒略周期内以连续的天数计算时间的计时法。儒略日数（Julian day number, JDN）的计算是从格林尼治标准时间的中午开始，包含一个整天的时间，起点的时间（0 日）回溯至儒略历的公元前 4713 年 1 月 1 日中午 12 点（在格里历是公元前 4714 年 11 月 24 日），该日期是 3 种多年周期的共同起点，且是历史上最接近现代的一个起点，即 JD 0 指定为 UT 时间 B. C. 4713 年 1 月 1 日 12：00 到 UT 时间 B. C. 4713 年 1 月 2 日 12：00 的 24 小时，对每一天赋予一个唯一的数字，顺数而下。例如，2000 年 1 月 1 日的 UT 12：00 是儒略日 2451545。

4. 原子时

原子时的初始历元规定为 1958 年 1 月 1 日世界时 0 时，秒长定义为铯 – 133 原子基态的两个超精细能级间在零磁场下跃迁辐射 9192631770 周所持续的时间。这是一种均匀的时间计量系统。由于世界时存在不均匀性和历书时的测定精度低，1967 年起，已将原子时取代历书时作为基本时间计量系统；规定原子时的秒长为国际单位制的时间单位，作为三大物理量的基本单位之一。原子时由原子钟的读数给出。国际计量局收集各国各实验室原子钟的比对和时号发播资料，进行综合处理，建立国际原子时。

2.2 时间系统之间的转换

1. 太阳时到儒略日的转换

将世界时 0 时刻的儒略日记作 J_0。年（y）、月（m）和日（d）与 J_0 之间的算法有多种，其中最简单的一种算法由 Boulet 于 1991 年提出[3]：

$$J_0 = 367y - \text{INT}\left\{\frac{7\left[y + \text{INT}\left(\frac{m+9}{12}\right)\right]}{4}\right\} + \text{INT}\left(\frac{275m}{9}\right) + d + 1721013.5 \qquad (2.1)$$

式中，y, m, d——位于下列范围内的整数：

$$\begin{cases} 1901 \leqslant y \leqslant 2099 \\ 1 \leqslant m \leqslant 12 \\ 1 \leqslant d \leqslant 31 \end{cases} \qquad (2.2)$$

$\text{INT}(x)$——只保留 x 的整数部分（即向零取整），如 $\text{INT}(-3.9) = -3$，$\text{INT}(3.9) = 3$。

任意世界时（UT）的儒略日为

$$JD = J_0 + \frac{UT}{24} \tag{2.3}$$

现今的儒略历元为 2000 年 1 月 1 日正午，记作 J2000。其儒略日正好为 2451545.0 天。一个儒略年为 365.25 天，因此一个儒略世纪为 36525 天。则儒略 J_0 和 J2000 之间的儒略世纪 T_0 为

$$T_0 = \frac{J_0 - 2451545}{36525} \tag{2.4}$$

2. 世界时到恒星时之间的转换

格林尼治世界时（UT）0 时的恒星时 θ_{G_0} 可通过无量纲的时间来表示[4]。θ_{G_0} 由下述级数给出（单位为度（°））：

$$\theta_{G_0} = 100.4606184 + 36000.77004 T_0 + 0.000387933 T_0^2 - 2.583 (10^{-8}) T_0^3 \tag{2.5}$$

该式得出的 θ_{G_0} 值有可能在 $[0°, 360°]$ 范围之外。若在范围之外，则应将所得值适当加上（或减去）360°的整数倍，使得 θ_{G_0} 位于 $[0°, 360°]$ 范围。

若已确定 θ_{G_0}，则其他任意世界时（UT）时刻的格林尼治恒星时 θ_G 均可由下式求出：

$$\theta_G = \theta_{G_0} + 360.98564724 \frac{UT}{24} \tag{2.6}$$

式中，UT 的单位为小时（h）；等式右边第二项的系数为 24 h（太阳时）内地球所转过的角度。

最后，将某地的东经 Λ 与格林尼治恒星时相加，就可得到当地恒星时 θ，即

$$\theta = \theta_G + \Lambda \tag{2.7}$$

该式所得的 θ 值有可能超过 360°。若超过，则应适当加上（或减去）360°的整数倍，使得 θ 位于 $[0°, 360°]$ 范围之内。图 2.1 说明了 θ_{G_0}、θ_G、Λ 和 θ 之间的关系。

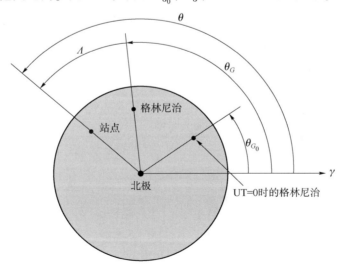

图 2.1　θ_{G_0}、θ_G、Λ、θ 之间的关系示意图

2.3 坐 标 系

1. 近焦点坐标系

如图 2.2 所示，近焦点坐标系以轨道焦点为坐标原点，x 轴从焦点指向近地点，与 x 轴真近点角为 90° 的方向为 y 轴方向，z 轴垂直于轨道平面，与角动量方向一致。

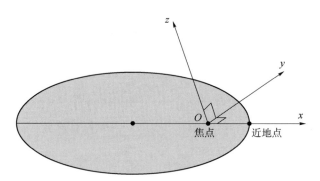

图 2.2 近焦点坐标系

2. 地心惯性坐标系

地心惯性坐标系以地心为坐标原点，x 轴由地心指向某历元时刻的平春分点，z 轴垂直于赤道平面，y 轴在赤道平面内与 x 轴为 90° 真近点角。目前使用得最广泛的地心惯性坐标系历元时刻为 J2000.0，该历元时刻下的坐标系也被称为 J2000 地心惯性坐标系，通常在该坐标系中对卫星的位置以及运动状态进行分析。

3. 会合坐标系

会合坐标系是用来描述限制性三体问题意义下的第三体运动的坐标系。如图 2.3 所示，会合坐标系的坐标原点通常在两个大天体的质心，x 轴由较大的天体 M_1 指向次大天体 M_2。z 轴垂直于两个大天体的相对运动轨道平面，y 轴与 x、z 轴构成右手定则。

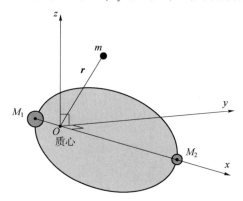

图 2.3 会合坐标系

4. 测站地平坐标系

如图 2.4 所示，测站地平坐标系以观测点 O 为坐标原点，xy 平面为当地地平面（即椭球在点 O 处的切平面），z 轴垂直于此切平面且指向天顶，x 轴指向东，y 轴指向北，又称 ENZ（东 – 北 – 天顶）坐标系。

5. 地固坐标系

地固坐标系 ITRS 是协议地球（坐标）参考框架的一种，是目前国际上精度最高并且被广泛应用的协议地球参考系统坐标系。我国目前的采用的是 WGS84。

如图 2.5 所示，地固坐标系的原点为地心，参考平面为地球赤道平面，x 轴由坐标原点指向格林尼治子午线，z 轴由坐标原点指向地球北极，y 轴与 x、z 轴构成右手坐标系。随着地球自转，地固坐标系也在旋转改变，但是在该坐标系下定义的地面景物坐标是固定不变的，不随地球自转而发生改变。

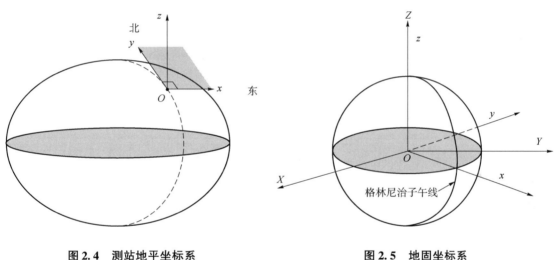

图 2.4　测站地平坐标系　　　　　图 2.5　地固坐标系

2.4　轨道动力学概述

1. 轨道的概念

在物理学中，轨道是一个物体在引力作用下绕空间中一点运行的路径，比如行星绕一颗恒星的轨迹，或天然卫星绕一颗行星的轨迹。行星的轨道一般都是椭圆，而且其绕行的质量中心在椭圆的一个焦点上。随着人造卫星的产生，轨道的类型变得更加多样化。理论上，只要燃料足够，在控制的作用下卫星的轨道可以是任意的运行轨迹。

2. 轨道的分类

按照不同的分类标准，卫星轨道的类型有所不同。

1) 按偏心率划分

按偏心率 e 划分轨道类型，可将卫星轨道分为圆轨道（$e=0$）、椭圆轨道（$0<e<1$）、抛物线轨道（$e=1$）和双曲线轨道（$e>1$）。

圆轨道是以中心引力体为圆心的空间圆；椭圆轨道是最常见的一类轨道，绝大多数航天器都处在地心椭圆轨道上，地球在椭圆轨道的一个焦点处；抛物线轨道又称为逃逸轨道，二体问题意义下，航天器沿着抛物线轨道能够到达中心引力体的影响球边界，并与中心引力体沿同一轨道绕太阳飞行。

双曲线轨道是四类轨道中能够真正逃离某一中心引力体的轨道。在数学中，双曲线是定义为平面交截直角圆锥面的两半的一类圆锥曲线，如图2.6所示。它还可以定义为与两个焦点的距离差是常数的点的轨迹。这个固定的距离差是 a 的两倍，这里的 a 是从双曲线的中心到双曲线最近的分支的顶点的距离。a 又称双曲线轨道的半长轴。焦点位于贯穿轴上它们的中间点称为中心。

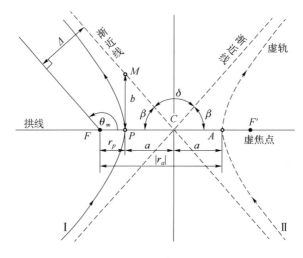

图 2.6　双曲线

对应 $e>1$ 的航天器的运行轨道只是双曲线中的一条，即双曲线中的一条曲线为真实的天体运行轨道，而另一条是理论上的映像，实际上并不存在。航天器沿双曲线轨道能够逃离中心引力体的影响球，并到达其他天体的影响球。

2) 按轨道倾角划分

按轨道倾角 i 划分轨道类型，可将卫星轨道分为顺行轨道（$0°\leqslant i<90°$）、逆行轨道（$90°\leqslant i<180°$）。

顺行轨道上的卫星沿轨道运行的方向与地球自转方向一致，因此若要把卫星送入顺行轨道，运载火箭要朝东南方向发射，这样能够利用地球自西向东自转的部分速度，从而节约火箭的能量。地球自转速度可以通过赤道自转速度、发射方位角和发射点地理纬度计算出来。不难想象，在赤道上朝着正东方向发射卫星，可利用的速度最大，纬度越高则能用的速度越小。

若要把卫星送入逆行轨道运行，运载火箭需要朝西南方向发射，这不仅无法利用地球自转的部分速度，还要付出额外能量以克服地球自转。因此，除了太阳同步轨道外，一般都不利用这类轨道。

3）按轨道高度划分

按轨道高度划分，可将卫星轨道分为低轨道（LEO）、中轨道（MEO）和高轨道（HEO）。

（1）低轨道：卫星飞行高度小于 1000 km。

（2）中轨道：卫星飞行高度在 1000 ~ 20000 km。

（3）高轨道：卫星飞行高度大于 20000 km。

4）特殊轨道

（1）地球同步轨道：卫星的轨道周期等于地球在惯性空间中的自转周期（23 小时 56 分 4 秒），且方向与之一致的轨道。地球同步轨道分为三类：地球静止轨道、倾斜同步轨道、极地同步轨道。

卫星运行在地球赤道面上方约 3.6 万 km（35786 km）的圆形地球同步轨道称为地球静止轨道（GEO），其星下点为地球表面的某一固定点。

地球同步轨道卫星每天都会在同一时间通过地球上的同一个点，所以卫星相对地球表面是移动的；而地球静止轨道卫星每天在任何时刻都处于相同地方的上空，地面观察者看到卫星始终位于某一位置，保持静止不动。

（2）太阳同步轨道：卫星的轨道平面和太阳始终保持相对固定的取向，轨道倾角（轨道平面与赤道平面的夹角）接近 90°，卫星要在两极附近通过，因此又称为近极地太阳同步卫星轨道。

（3）极轨道：倾角为 90° 的人造地球卫星轨道，又称极地轨道。在极轨道上运行的卫星，每一圈内都可以经过任何纬度和南北极的上空。

这 3 种特殊轨道如图 2.7 所示。

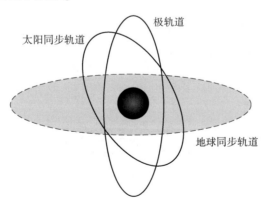

图 2.7　3 种特殊轨道示意图

（4）平动点轨道。

设两物体 m_1 和 m_2 仅在相互间引力的作用下运动，且它们之间相互绕行的轨道是半径为 r_{12} 的圆。引入质量为 m 的物体，其质量与 m_1 和 m_2 相比可忽略不计，m 在 m_1 和 m_2 万有引力作用下的运动问题称为限制性三体问题。

在研究深空探测轨道动力学问题时，通常采用圆限制性三体问题模型，在该模型中存在 5 个平动点。平动点区域具有十分复杂的非线性动力学特性，在该区域内存在类型丰富的周期、拟周期以及混沌轨道，统称为平动点轨道。

在平动点区域，不同初始状态的航天器将进入不同运动形式的轨道，若条件适宜则可进行周期运动或拟周期运动，相应的轨道称为 Lyapunov 轨道、Halo 轨道、Quasi-Halo 轨道和 Lissajous 轨道（图 2.8）等。平动点的非线性动力学特性还蕴含着过渡到其附近各类轨道的节能通道，为平动点应用提供了现实途径。

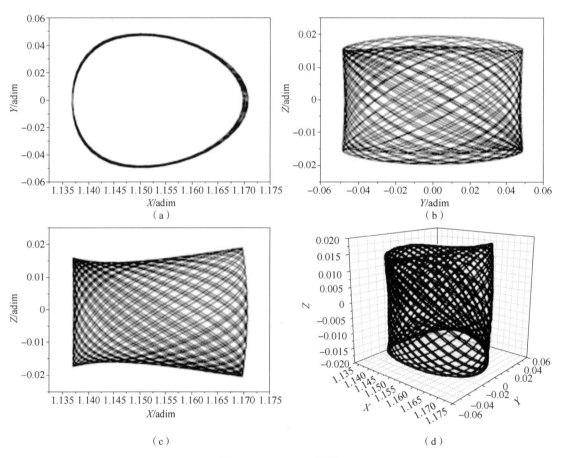

图 2.8　Lissajous 轨道

3. 轨道的描述

轨道实际上表征的是航天器在宇宙空间中的运动状态。在物理学中，用来描述运动物体运动状态的物理量是位置和速度，因此航天器的轨道也可以用航天器的位置和速度来描述。

航天器的位置可以用航天器相对于某个参考坐标系的三维坐标来描述。航天器的速度指的是航天器相对于某个坐标系的位置坐标的变化率。航天器的位置和速度可以描述其运行轨迹，即航天器的轨道。假设航天器相对于惯性坐标系的位置用该坐标系下的坐标 x、y、z 来表示，那么航天器的轨道状态变量可表示为

$$\boldsymbol{X} = \begin{bmatrix} x & y & z & \dot{x} & \dot{y} & \dot{z} \end{bmatrix}^{\mathrm{T}}$$

此外，还可以用轨道根数更直观地描述一个天体（或航天器）的轨道。这六个轨道参数分别是：

(1) 轨道半长轴 (a)：它的长度是椭圆长轴的一半，可用千米 (km) 或地球赤道半径或天文单位为单位。根据开普勒第三定律，半长轴与运行周期之间有确定的换算关系。抛物线的半长轴是无穷大，双曲线的半长轴小于零。

(2) 轨道偏心率 (e)：它为椭圆两焦点之间的距离与长轴的比值。$e = 0$ 时，轨道是圆；$0 < e < 1$ 时，轨道是椭圆，e 越大则椭圆越扁；$e = 1$ 时，轨道是抛物线；$e > 1$ 时，轨道是双曲线。

(3) 轨道倾角 (i)：它是轨道平面与地球赤道平面的夹角，用地轴的北极方向与轨道平面的正法线方向之间的夹角度量，轨道倾角 i 的范围为 $0° \sim 180°$。若 $i < 90°$，则为顺行轨道，卫星总是从西（西南或西北）向东（东北或东南）运行；若 $i > 90°$，则为逆行轨道，卫星的运行方向与顺行轨道相反；若 $i = 90°$，则为极轨道。

(4) 升交点赤经 (Ω)：它是一个角度量。航天器的轨道与地球赤道平面有两个交点，卫星从南半球穿过赤道到北半球的运行弧段称为升段，这时穿过赤道的那一点为升交点；与之相反，卫星从北半球到南半球的运行弧段称为降段，相应的赤道上的交点为降交点。在地球绕太阳的公转中，太阳从南半球到北半球时穿过赤道的点称为春分点。春分点和升交点对地心的张角为升交点赤经，并规定从春分点逆时针量到升交点。轨道倾角和升交点赤经共同决定轨道平面在空间的方位。

(5) 近地点幅角 (ω)：它是近地点与升交点对地心的张角，沿着卫星运动方向从升交点量到近地点。近地点幅角决定椭圆轨道在轨道平面里的方位。

(6) 真近点角 (f)：它是卫星相对于椭圆长轴的极角。真近点角确定卫星在轨道上的实时方位。

若用轨道根数描述航天器的轨道，则航天器的轨道状态量可表示为

$$\boldsymbol{\sigma} = \begin{bmatrix} a & e & i & \Omega & \omega & M(\text{或} \theta) \end{bmatrix}^{\mathrm{T}}$$

这六个轨道参数中，有两个轨道参数确定轨道的大小和形状，有两个轨道参数确定轨道平面在空间中的位置，有一个轨道参数确定轨道在轨道平面内的指向，还有一个轨道参数确定卫星在轨道上的位置。

2.5 轨道动力学模型

2.5.1 二体问题

二体问题研究两个可以视为质点的天体在其相互之间的万有引力作用下的动力学问题。二体问题是各类天体真实运动的第一次近似结果，是研究天体精确运动的理论基础，也是天体力学中的一个基本问题，它是迄今为止唯一能彻底求解的天体力学问题，具有很重要的意义。

图 2.9 给出了两个质点 M_1、M_2 在只受相互引力作用下的示意图，其质心的位置矢量均为相对于惯性坐标系 $O-XYZ$。

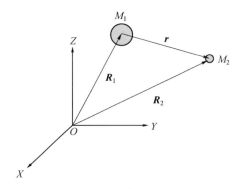

图 2.9 惯性坐标系中的两天体受力图

M_1 作用在 M_2 上的力 $\boldsymbol{F}_{21}$ 以及 M_2 作用在 M_1 上的力 $\boldsymbol{F}_{12}$ 为

$$\boldsymbol{F}_{21} = \frac{GM_1M_2}{r^2}(-\hat{\boldsymbol{u}}_r) = -\frac{GM_1M_2}{r^2}\hat{\boldsymbol{u}}_r \tag{2.8a}$$

$$\boldsymbol{F}_{12} = \frac{GM_1M_2}{r^2}(\hat{\boldsymbol{u}}_r) = \frac{GM_1M_2}{r^2}\hat{\boldsymbol{u}}_r \tag{2.8b}$$

式中，$\hat{\boldsymbol{u}}_r$ 说明力 $\boldsymbol{F}_{21}$ 的方向为 M_2 指向 M_1。（不要将这里表示引力常量的 G 与本书的其他内容中用于表示质心的 G 混淆）。对 M_2 应用牛顿第二运动定律，得 $\boldsymbol{F}_{21} = M_2\ddot{\boldsymbol{R}}_2$，其中 $\ddot{\boldsymbol{R}}_2$ 为 M_2 的绝对加速度，对 M_1 同理，因此有

$$-\frac{GM_1M_2}{r^2}\hat{\boldsymbol{u}}_r = M_2\ddot{\boldsymbol{R}}_2 \tag{2.9a}$$

$$\frac{GM_1M_2}{r^2}\hat{\boldsymbol{u}}_r = M_1\ddot{\boldsymbol{R}}_1 \tag{2.9b}$$

设 $\boldsymbol{r}$ 为 M_2 相对于 M_1 的位置矢量，即

$$\boldsymbol{r} = \boldsymbol{R}_2 - \boldsymbol{R}_1 \tag{2.10}$$

并且设 $\hat{\boldsymbol{u}}_r$ 为由 M_1 指向 M_2 的单位矢量，所以有

$$\hat{\boldsymbol{u}}_r = \frac{\boldsymbol{r}}{r} \tag{2.11}$$

式中，r——r 的模，$r = |r|$。

M_1 仅受指向 M_2 的引力作用。M_1 与 M_2 之间的引力 F_g 沿 M_1 和 M_2 的质心连线，由万有引力定律公式确定。

将式（2.9a）乘以 M_1，式（2.9b）乘以 M_2，可得

$$-\frac{GM_1^2 M_2}{r^2}\hat{\boldsymbol{u}}_r = M_1 M_2 \ddot{\boldsymbol{R}}_2 \tag{2.12}$$

$$\frac{GM_1 M_2^2}{r^2}\hat{\boldsymbol{u}}_r = M_1 M_2 \ddot{\boldsymbol{R}}_1 \tag{2.13}$$

将式（2.12）与式（2.13）相减，可得

$$M_1 M_2(\ddot{\boldsymbol{R}}_2 - \ddot{\boldsymbol{R}}_1) = -\frac{GM_1 M_2}{r^2}(M_1 + M_2)\hat{\boldsymbol{u}}_r \tag{2.14}$$

约去共同因子 $M_1 M_2$，可得

$$\ddot{\boldsymbol{r}} = -\frac{G(M_1 + M_2)}{r^2}\hat{\boldsymbol{u}}_r \tag{2.15}$$

将引力参数 μ 定义如下：

$$\mu = G(M_1 + M_2) \tag{2.16}$$

μ 的单位为 $\mathrm{km^3/s^2}$，结合式（2.11）与式（2.16），可将式（2.15）写为

$$\ddot{\boldsymbol{r}} = -\frac{\mu}{r^3}\boldsymbol{r} \tag{2.17}$$

式（2.17）即 M_2 相对于 M_1 运动的二阶微分方程。该式中有两个积分常矢量，每个矢量均有三个标量分量。因此，式（2.17）有六个积分常数。注意到如下结论：将上述诸式中 M_1、M_2 的位置交换后所得的结果与式（2.17）乘以 -1 后的结果一致。也就是说，从 M_1 看 M_2 的运动与从 M_2 看 M_1 的运动是完全一致的。

通过对上述矢量方程的求解，可得二体问题运动方程的标量解为[1]

$$r = \frac{h^2}{\mu} \cdot \frac{1}{1 + e\cos\theta} \tag{2.18}$$

式（2.18）就是轨道方程，其定义了 M_2 相对于 M_1 的运动轨迹。注意：μ、h、e 均为常数，h 为单位质量角动量的模值，e 为偏心率，且当偏心率为负值时无意义，即 $e \geqslant 0$。因为此轨道方程为圆锥曲线，包括椭圆，所以这就是开普勒第一定律的数学描述：行星围绕太阳做椭圆运动。二体问题的轨道常称为开普勒轨道。

位置矢量 r 的角速度为 $\dot{\theta}$，即真近点角的变化速率。垂直于位置矢量的速度分量可由角速度表示，为

$$v_\perp = r\dot{\theta} \tag{2.19}$$

将式（2.19）代入式 $h = rv_\perp$，可得以角速度表示的单位角动量为

$$h = r^2\dot{\theta} \tag{2.20}$$

就可以很容易地求出速度径向分量 v_r 和侧向分量 $v_\perp$。

由 $h = rv_\perp$，可得

$$v_\perp = \frac{h}{r} \tag{2.21}$$

将式（2.18）中的 r 代入式（2.21），有

$$v_\perp = \frac{\mu}{h}(1 + e\cos\theta) \tag{2.22}$$

又因为 $v_r = \dot{r}$，对式（2.18）求导，可得

$$\dot{r} = \frac{\mathrm{d}r}{\mathrm{d}t} = \frac{h^2}{\mu}\left[-\frac{e(-\dot{\theta}\sin\theta)}{(1 + e\cos\theta)^2}\right] = \frac{h^2}{\mu}\frac{e\sin\theta}{(1 + e\cos\theta)^2}\frac{h}{r^2} \tag{2.23}$$

这里利用了式（2.20）的结果。将式（2.18）代入式（2.23），化简后最终可得

$$v_r = \frac{\mu}{h}e\sin\theta \tag{2.24}$$

由式（2.18）可知：当 $\theta = 0$ 时，r 最小，即 m_2 与 m_1 相距最近（但当 $e = 0$ 时为特殊情况，m_2 与 m_1 两者间的距离为常量）。拱线上距离最近的点称为近地点。令真近点角等于 0 时，可得近地点的距离 r_p 为

$$r_p = \frac{h^2}{\mu}\cdot\frac{1}{1 + e} \tag{2.25}$$

显然，近地点处 $v_r = 0$。

2.5.2 三体问题

三体问题是天体力学中的基本力学模型。它是指质量、初始位置和初始速度都任意且可视为质点的三个天体，在相互之间万有引力的作用下的动力学问题。在三体问题的基础上，又引申出限制性三体问题和圆型限制性三体问题的概念，本书主要介绍圆型限制性三体问题。

限制性三体问题：设两物体 M_1 和 M_2 仅在相互间引力的作用下运动，且它们之间相互绕行的轨道是半径为 r_{12} 的圆 $r_{12} = |x_2 - x_1|$。定义会合坐标系，即以二体系统的质心 G 为坐标原点，与两物体一同转动的运动坐标系 xyz，如图 2.10 所示，其 x 轴由坐标原点指向 M_2，y 轴位于轨道平面内，z 轴与轨道平面垂直。在此坐标系中，M_1 和 M_2 看起来是静止不动的。

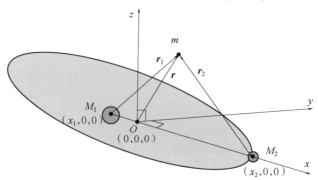

图 2.10　圆轨道上的两个主要天体 M_1 和 M_2 以及第三体 m

现在，引入质量为 m 的第三个物体，其质量与 M_1 和 M_2 相比可以忽略不计，就如同航天器质量与太阳系中行星或月球质量相比可以忽略一样。这就是所谓的限制性三体问题——由于质量 m 很小，因此可以认为第三体对原先两物体的运动没有影响。现在要研究的是在 M_1 和 M_2 引力场的作用下，m 的运动情况。与二体问题不同，这种运动没有一般的封闭形式的解。然而，我们可以建立运动方程，并推导出一些限制性三体问题共同的结论。在此运动坐标系中，质点 m 相对于 M_1 的位置矢量为

$$
\begin{aligned}
\boldsymbol{r}_1 &= (x - x_1)\hat{\boldsymbol{i}} + y\hat{\boldsymbol{j}} + z\hat{\boldsymbol{k}} \\
&= \left(x + \frac{M_2}{M_1 + M_2}r_{12}\right)\hat{\boldsymbol{i}} + y\hat{\boldsymbol{j}} + z\hat{\boldsymbol{k}}
\end{aligned}
\tag{2.26}
$$

相对于 M_2 的位置矢量为

$$
\boldsymbol{r}_2 = \left(x - \frac{M_1}{M_1 + M_2}r_{12}\right)\hat{\boldsymbol{i}} + y\hat{\boldsymbol{j}} + z\hat{\boldsymbol{k}}
\tag{2.27}
$$

相对于质心的位置矢量为

$$
\boldsymbol{r} = x\hat{\boldsymbol{i}} + y\hat{\boldsymbol{j}} + z\hat{\boldsymbol{k}}
\tag{2.28}
$$

由于会合坐标系的原点在两个大天体的质心，根据《轨道力学》[1]第二章介绍的二体问题的特点可知，二体问题的质心可以作为惯性坐标系的原点，因此可以假设在点 G 存在一个惯性坐标系。在此前提下，$\boldsymbol{r}$ 既是航天器相对于会合坐标系的相对位置矢量，也是相对于惯性坐标系的绝对位置矢量。因此，对 $\boldsymbol{r}$ 求导可得 m 的惯性速度。

但相对于惯性空间，xyz 坐标系以角速度 $\boldsymbol{\Omega}$ 旋转，所以单位矢量 $\hat{\boldsymbol{i}}$、$\hat{\boldsymbol{j}}$ 的导数并不为零。对于旋转坐标系，有

$$
\dot{\boldsymbol{r}} = \boldsymbol{v}_G + \boldsymbol{\Omega} \times \boldsymbol{r} + \boldsymbol{v}_{\mathrm{rel}}
\tag{2.29}
$$

式中，$\boldsymbol{v}_G$——质心（即坐标原点）的惯性速度；

$\boldsymbol{v}_{\mathrm{rel}}$——运动坐标系中 m 的速度，即

$$
\boldsymbol{v}_{\mathrm{rel}} = \dot{x}\hat{\boldsymbol{i}} + \dot{y}\hat{\boldsymbol{j}} + \dot{z}\hat{\boldsymbol{k}}
\tag{2.30}
$$

利用"五项"相对加速度公式[1]，就可以求得 m 的绝对加速度：

$$
\ddot{\boldsymbol{r}} = \boldsymbol{a}_G + \dot{\boldsymbol{\Omega}} \times \boldsymbol{r} + \boldsymbol{\Omega} \times (\boldsymbol{\Omega} \times \boldsymbol{r}) + 2\boldsymbol{\Omega} \times \boldsymbol{v}_{\mathrm{rel}} + \boldsymbol{a}_{\mathrm{rel}}
\tag{2.31}
$$

已知质心的惯性速度 $\boldsymbol{v}_G$ 为常量，所以质心的惯性加速度 $\boldsymbol{a}_G = \boldsymbol{0}$。又由于圆轨道的角速度为常量，所以 $\dot{\boldsymbol{\Omega}} = \boldsymbol{0}$。因此，式（2.31）可化简为

$$
\ddot{\boldsymbol{r}} = \boldsymbol{\Omega} \times (\boldsymbol{\Omega} \times \boldsymbol{r}) + 2\boldsymbol{\Omega} \times \boldsymbol{v}_{\mathrm{rel}} + \boldsymbol{a}_{\mathrm{rel}}
\tag{2.32}
$$

其中

$$
\boldsymbol{a}_{\mathrm{rel}} = \ddot{x}\hat{\boldsymbol{i}} + \ddot{y}\hat{\boldsymbol{j}} + \ddot{z}\hat{\boldsymbol{k}}
\tag{2.33}
$$

将式（2.28）、式（2.30）及式（2.33）代入式（2.32），可得

$$\ddot{\boldsymbol{r}} = (\Omega\hat{\boldsymbol{k}}) \times [(\Omega\hat{\boldsymbol{k}}) \times (x\hat{\boldsymbol{i}} + y\hat{\boldsymbol{j}} + z\hat{\boldsymbol{k}})] + 2(\Omega\hat{\boldsymbol{k}}) \times (\dot{x}\hat{\boldsymbol{i}} + \dot{y}\hat{\boldsymbol{j}} + \dot{z}\hat{\boldsymbol{k}}) + \ddot{x}\hat{\boldsymbol{i}} + \ddot{y}\hat{\boldsymbol{j}} + \ddot{z}\hat{\boldsymbol{k}}$$

$$= [-\Omega^2(x\hat{\boldsymbol{i}} + y\hat{\boldsymbol{j}})] + (2\Omega\dot{x}\hat{\boldsymbol{i}} - 2\Omega\dot{y}\hat{\boldsymbol{j}}) + \ddot{x}\hat{\boldsymbol{i}} + \ddot{y}\hat{\boldsymbol{j}} + \ddot{z}\hat{\boldsymbol{k}} \tag{2.34}$$

合并同类项，可得

$$\ddot{\boldsymbol{r}} = (\ddot{x} - 2\Omega\dot{y} - \Omega^2 x)\hat{\boldsymbol{i}} + (\ddot{y} + 2\Omega\dot{x} - \Omega^2 y)\hat{\boldsymbol{j}} + \ddot{z}\hat{\boldsymbol{k}} \tag{2.35}$$

对第三体（即后引进的 m）运用牛顿第二定律，可得

$$m\ddot{\boldsymbol{r}} = \boldsymbol{F}_1 + \boldsymbol{F}_2 \tag{2.36}$$

式中，$\boldsymbol{F}_1$，$\boldsymbol{F}_2$——M_1 和 M_2 施加在 m 上的力。利用式（2.8），可知

$$\boldsymbol{F}_1 = -\frac{GM_1 m}{r_1^2}\boldsymbol{u}_{r_1} = -\frac{\mu_1 m}{r_1^3}\boldsymbol{r}_1 \tag{2.37a}$$

$$\boldsymbol{F}_2 = -\frac{GM_2 m}{r_2^2}\boldsymbol{u}_{r_2} = -\frac{\mu_2 m}{r_2^3}\boldsymbol{r}_2 \tag{2.37b}$$

式中，

$$\mu_1 = GM_1, \quad \mu_2 = GM_2 \tag{2.38}$$

将式（2.37）代入式（2.36），并消去 m，可得

$$\ddot{\boldsymbol{r}} = -\frac{\mu_1}{r_1^3}\boldsymbol{r}_1 - \frac{\mu_2}{r_2^3}\boldsymbol{r}_2 \tag{2.39}$$

最后，将式（2.35）代入式（2.39）左边，将式（2.26）和式（2.27）代入式（2.39）右边，可得

$$(\ddot{x} - 2\Omega\dot{y} - \Omega^2 x)\hat{\boldsymbol{i}} + (\ddot{y} + 2\Omega\dot{x} - \Omega^2 y)\hat{\boldsymbol{j}} + \ddot{z}\hat{\boldsymbol{k}}$$

$$= -\frac{\mu_1}{r_1^3}[(x + \pi_2 r_{12})\hat{\boldsymbol{i}} + y\hat{\boldsymbol{j}} + z\hat{\boldsymbol{k}}] - \frac{\mu_2}{r_2^3}[(x - \pi_1 r_{12})\hat{\boldsymbol{i}} + y\hat{\boldsymbol{j}} + z\hat{\boldsymbol{k}}] \tag{2.40}$$

令方程两边 $\hat{\boldsymbol{i}}$、$\hat{\boldsymbol{j}}$ 和 $\hat{\boldsymbol{k}}$ 的系数分别相等，就可得到三个关于限制性三体问题的标量方程为

$$\ddot{x} - 2\Omega\dot{y} - \Omega^2 x = -\frac{\mu_1}{r_1^3}(x + \pi_2 r_{12}) - \frac{\mu_2}{r_2^3}(x - \pi_1 r_{12}) \tag{2.41a}$$

$$\ddot{y} + 2\Omega\dot{x} - \Omega^2 y = -\frac{\mu_1}{r_1^3}y - \frac{\mu_2}{r_2^3}y \tag{2.41b}$$

$$\ddot{z} = -\frac{\mu_1}{r_1^3}z - \frac{\mu_2}{r_2^3}z \tag{2.41c}$$

式（2.41）所描述的动力学方程存在 5 个平动点，两个大天体对平动点处的小物体的引力能够保持平衡，小物体相对于两个大天体可以基本保持静止。这 5 个平动点中只有两个是稳定的，即小物体在该点处即使受到外界引力的摄动，仍然会保持在原来的位置附近；另 3 个是不稳定的，即当物体在该点处受到外界引力的摄动时，将偏离原来的位置。日－地和地－月系统平动点区域具有优异的磁、热、力环境，这使其成为深空环境下不间断天文观测的理想场所。

2.6　轨道计算

2.6.1　拉格朗日系数法

若已知运动物体在某一时刻的位置和速度矢量，则可以用初始值表示出其在之后任何时刻内的位置和速度矢量。这就是拉格朗日系数法的基本原理。

若 t_0 时刻的位置和速度矢量分别为 $\boldsymbol{r}_0$、$\boldsymbol{v}_0$，则任意时刻的位置和速度矢量 $\boldsymbol{r}$、$\boldsymbol{v}$ 可表示为

$$\boldsymbol{r} = f\boldsymbol{r}_0 + g\boldsymbol{v}_0 \tag{2.42a}$$

$$\boldsymbol{v} = \dot{f}\boldsymbol{r}_0 + \dot{g}\boldsymbol{v}_0 \tag{2.42b}$$

其中，

$$\begin{cases} f = 1 - \dfrac{\mu r}{h^2}(1 - \cos \Delta\theta) \\[2mm] g = \dfrac{rr_0}{h}\sin \Delta\theta \\[2mm] \dot{f} = \dfrac{\mu}{h}\dfrac{1 - \cos \Delta\theta}{\sin \Delta\theta}\left[\dfrac{\mu}{h^2}(1 - \cos \Delta\theta) - \dfrac{1}{r_0} - \dfrac{1}{r}\right] \\[2mm] \dot{g} = 1 - \dfrac{\mu r_0}{h^2}(1 - \cos \Delta\theta) \end{cases} \tag{2.43}$$

式中，$\Delta\theta$——t_0 时刻到 t 时刻之间的真近点角的变化量；

　　　r, r_0——t 时刻和 t_0 时刻位置矢量的模值；

　　　f, g——拉格朗日系数。

又因为

$$\boldsymbol{v}_0 \times \boldsymbol{r}_0 = -(\boldsymbol{r}_0 \times \boldsymbol{v}_0) \tag{2.44}$$

所以，单位质量的角动量为

$$\boldsymbol{h} = \boldsymbol{v} \times \boldsymbol{r} \tag{2.45}$$

或者，

$$\boldsymbol{h} = (f\dot{g} - \dot{f}g)\boldsymbol{h}_0 \tag{2.46}$$

式中，$\boldsymbol{h}_0 = \boldsymbol{r}_0 \times \boldsymbol{v}_0$，为 $t = t_0$ 时刻的角动量。

由于单位质量的角动量为常矢量，即 $\boldsymbol{h} = \boldsymbol{h}_0$，所以

$$\boldsymbol{h} = (f\dot{g} - \dot{f}g)\boldsymbol{h} \tag{2.47}$$

由于 $\boldsymbol{h}$ 不可能为零（除非天体以直线向引力中心运动），所以

$$f\dot{g} - \dot{f}g = 1 \tag{2.48}$$

式（2.48）表示角动量守恒。

因此，若已知 f、g 和 $\dot{f}$、$\dot{g}$ 这四个量中的三个，则可由式（2.48）求出第四个量。

利用时间 t 与真近点角之间的关系，可分别计算出 t_0 和 t 时刻的真近点角，进而得到 $\Delta\theta$，从而计算出拉格朗日系数及其导数，并计算出任意时刻的位置速度矢量，以实现轨道计算的目的。在计算 $\Delta\theta$ 的过程中采用此方法，需要知道轨道的类型，进而代入不同的计算公式计算真近点角。为了简化真近点角的计算，可利用全局变量公式计算拉格朗日系数。计算公式如下：

$$
\begin{cases}
f = 1 - \dfrac{\chi^2}{r_0} C(\alpha\chi^2) \\[2mm]
g = \Delta t - \dfrac{1}{\sqrt{\mu}} \chi^3 S(\alpha\chi^2) \\[2mm]
\dot{f} = \dfrac{\sqrt{\mu}}{r r_0} [\alpha\chi^3 S(\alpha\chi^2) - \chi] \\[2mm]
\dot{g} = 1 - \dfrac{\chi^2}{r} C(\alpha\chi^2)
\end{cases}
\tag{2.49}
$$

式中，χ——全局变量。

设 t_0 表示全局变量为零的时刻，则 $t_0 + \Delta t$ 时刻的 χ 值可由下述全局开普勒方程迭代解出：

$$
\sqrt{\mu}\,\Delta t = \frac{r_0 v_{r0}}{\sqrt{\mu}} \chi^2 C(\alpha\chi^2) + (1 - \alpha r_0)\chi^3 S(\alpha\chi^2) + r_0 \chi
\tag{2.50}
$$

式中，r_0, v_{r0}——$t = t_0$ 时刻的半径和径向速度；

α——长半轴的倒数，

$$
\alpha = \frac{1}{a}
\tag{2.51}
$$

式中，$\alpha < 0$，$\alpha = 0$，$\alpha > 0$ 分别对应于双曲线、抛物线和椭圆。

χ 的单位为千米（km）的平方根（所以 $\alpha\chi^2$ 是无量纲的）。$C(z)$ 和 $S(z)$ 均为斯达姆夫（Stumpff）函数，用无穷级数定义如下：

$$
S(z) = \sum_{k=0}^{\infty} (-1)^k \frac{z^k}{(2k+3)!} = \frac{1}{6} - \frac{z}{120} + \frac{z^2}{5040} - \frac{z^3}{362880} + \frac{z^4}{39916800} - \frac{z^5}{6227020800} + \cdots
\tag{2.52a}
$$

$$
C(z) = \sum_{k=0}^{\infty} (-1)^k \frac{z^k}{(2k+2)!} = \frac{1}{2} - \frac{z}{24} + \frac{z^2}{720} - \frac{z^3}{40320} + \frac{z^4}{3628800} - \frac{z^5}{479001600} + \cdots
\tag{2.52b}
$$

此方法不需要根据轨道类型寻找对应公式计算真近点角，利用时间 t 计算出全局变量，便可计算出拉格朗日系数及其倒数，从而计算出任意时刻的轨道。

此外，还有一种用 z 变量作为自变量的拉格朗日系数计算方法[5]。计算公式如下：

$$
\begin{cases}
f = 1 - \dfrac{y(z)}{r_1} \\[2mm]
g = = A\sqrt{\dfrac{y(z)}{\mu}} \\[2mm]
\dot{f} = \dfrac{\sqrt{\mu}}{r_1 r_2}\sqrt{\dfrac{y(z)}{C(z)}}\,(zS(z)-1) \\[2mm]
\dot{g} = 1 - \dfrac{y(z)}{r_2}
\end{cases}
\tag{2.53}
$$

式中，

$$
A = \sin \Delta\theta \sqrt{\dfrac{r_1 r_2}{1 - \cos \Delta\theta}}
\tag{2.54}
$$

$$
y(z) = r_1 + r_2 + A\,\dfrac{zS(z)-1}{\sqrt{C(z)}}
\tag{2.55}
$$

$$
\Delta\theta =
\begin{cases}
\left.\begin{array}{ll}
\arccos \dfrac{\boldsymbol{r}_1 \cdot \boldsymbol{r}_2}{r_1 r_2}, & \boldsymbol{r}_1 \times \boldsymbol{r}_2 z \geqslant 0 \\[3mm]
2\pi - \arccos \dfrac{\boldsymbol{r}_1 \cdot \boldsymbol{r}_2}{r_1 r_2}, & \boldsymbol{r}_1 \times \boldsymbol{r}_2 z < 0
\end{array}\right\} \text{顺行轨道} \\[8mm]
\left.\begin{array}{ll}
\arccos \dfrac{\boldsymbol{r}_1 \cdot \boldsymbol{r}_2}{r_1 r_2}, & (\boldsymbol{r}_1 \times \boldsymbol{r}_2) z < 0 \\[3mm]
2\pi - \arccos \dfrac{\boldsymbol{r}_1 \cdot \boldsymbol{r}_2}{r_1 r_2}, & (\boldsymbol{r}_1 \times \boldsymbol{r}_2) z \geqslant 0
\end{array}\right\} \text{逆行轨道}
\end{cases}
\tag{2.56}
$$

利用式（2.53）～式（2.56），在已知两个不同时刻的位置矢量及两个位置矢量之间的时间间隔的情况下，就可以直接计算出对应时刻的速度，即

$$
\begin{cases}
\boldsymbol{v}_1 = \dfrac{1}{g}(\boldsymbol{r}_2 - f\boldsymbol{r}_1) \\[3mm]
\boldsymbol{v}_2 = \dot{f}\boldsymbol{r}_1 + \dfrac{\dot{g}}{g}(\boldsymbol{r}_2 - f\boldsymbol{r}_1) = \dfrac{\dot{g}}{g}\boldsymbol{r}_2 - \dfrac{f\dot{g} - \dot{f}g}{g}\boldsymbol{r}_1
\end{cases}
\tag{2.57}
$$

因此，该方法可以利用两个不同时刻的已知位置矢量计算航天器的轨道。此方法即兰伯特问题（Lambert's problem）的求解方法。

2.6.2　数值计算方法

利用数值计算方法，在已知初始时刻的位置和速度的情况下，可以通过数值求解微分方程得到轨道的数值解，计算机的高度发展更显示其优越性。

对于一个微分方程的初值问题：

$$\begin{cases} \dfrac{\mathrm{d}x}{\mathrm{d}t} = f(x,t) \\ x(t_0) = x_0 \\ a \leqslant t \leqslant b \end{cases} \tag{2.58}$$

式中，x 可以看成向量（如坐标 $\boldsymbol{r}$ 和速度 $\dot{\boldsymbol{r}}$）。求该问题的数值解，就是要在区间 $[a,b]$ 上的一系列离散点 $t_n(n=1,2,\cdots,m)$ 处，计算出解 $x(t)$ 的近似值 $x_1,x_2,\cdots,x_m$。其中，

$$a = t_0 < t_1 < t_2 < \cdots < t_m = b \tag{2.59}$$

若无特殊要求，通常将 t_n 取成等间隔的，即

$$t_n = t_0 + nh, \quad n = 1,2,\cdots,m \tag{2.60}$$

式中，$t_0 = a$；h 称为步长。

在计算时，先由初值 $x_0 = x(t_0) = x(a)$ 求出 x_1，再由 x_1 求出 x_2，……依次求出 x_m，得到 m 个离散点上的 x_n 值，即用一种离散化方法来处理连续性问题（式（2.58））。

当然，要由 x_n 求出 x_{n+1}，最直接的方法是利用泰勒（Taylor）展式，即

$$x_{n+1} \approx x_n + h\left(\frac{\mathrm{d}x}{\mathrm{d}t}\right)_{t_n} + \frac{h^2}{2!}\left(\frac{\mathrm{d}^2x}{\mathrm{d}t^2}\right)_{t_n} + \cdots + \frac{h^p}{p!}\left(\frac{\mathrm{d}^px}{\mathrm{d}t^p}\right)_{t_n} \tag{2.61}$$

通过式（2.58）可以逐步求出各阶导数，有

$$\begin{cases} \left(\dfrac{\mathrm{d}x}{\mathrm{d}t}\right)_{t_n} = f(x_n,t_n) \\ \left(\dfrac{\mathrm{d}^2x}{\mathrm{d}t^2}\right)_{t_n} = \left(\dfrac{\partial f}{\partial t} + \dfrac{\partial f}{\partial x}\dfrac{\mathrm{d}x}{\mathrm{d}t}\right)_{t_n} \\ \cdots \end{cases} \tag{2.62}$$

这显然也是一种离散化方法，但必须计算高阶导数，当式（2.58）的右函数 $f(x,t)$ 比较复杂时，计算高阶导数就变得相当麻烦，而天体运动方程的右函数往往属于这种情况，因此，一般情况下不宜直接采用泰勒展式。各种数值计算方法都采用若干个右函数值来代替高阶导数值，使计算简化，这就是微分方程数值计算方法的基本思想。下面用泰勒级数展开这一离散化的差分方程来介绍数值计算方法的一些基本概念。

将泰勒展式从 $p=2$ 截断，即取式（2.61）中的 $p=1$，可得欧拉（Euler）公式：

$$\begin{cases} x_{n+1} = x_n + hf(x_n,t_n) \\ x_0 = x(t_0) \\ n = 0,1,2,\cdots \end{cases} \tag{2.63}$$

从欧拉公式可以看出，每前进一步，计算相应步点 t_{n+1} 上的 x_{n+1} 值时，只需要知道前一步点 t_n 上的 x_n 值，这种数值计算方法称为单步法。若每前进一步，需要知道之前多个步点上的 x 值，则将这样的数值计算方法称为多步法。

既然数值计算方法给出的是解 $x(t)$ 在离散步点 t_n 上的近似值 x_n，因此就有误差，除初

值误差外，还有截断误差和舍入误差。关于截断误差，接下来仍用欧拉公式（式（2.63））来说明，相应的精确解 $x(t_{n+1})$ 应满足带余项的泰勒展式：

$$x(t_{n+1}) = x(t_n) + h\dot{x}(t_n) + \frac{h^2}{2}\ddot{x}(\xi_n) \qquad (2.64)$$

式中，ξ_n——区间 (t_n, t_{n+1}) 中的某一点。

由于

$$\dot{x}(t_n) = f(x(t_n), t) \qquad (2.65)$$

因此，式（2.64）可改写为

$$x(t_{n+1}) = x(t_n) + hf(x(t_n), t) + \frac{h^2}{2}\ddot{x}(\xi_n) \qquad (2.66)$$

由此可见，欧拉公式（式（2.63））就是用精确解满足的式（2.64）截去其中的 $\frac{h^2}{2}\ddot{x}(\xi_n)$ 所得的近似公式。$\frac{h^2}{2}\ddot{x}(\xi_n)$ 称为欧拉方法的局部截断误差（简称"截断误差"），或称为局部离散误差，它与 h^2 同阶，记为 $O(h^2)$。当然，其实际大小还取决于导数 $\ddot{x}(t_n)$ 的值，这涉及解 $x(t)$ 的性质。由于丢掉的是二阶导数，因此称欧拉方法为一阶方法。对于一些常用的单步法，方法的阶数正好比方法的截断误差中 h 的幂次低 1，即若截断误差为 $O(h^{p+1})$，则方法为 p 阶的。因此，方法的阶数可作为衡量方法精度的一个重要标志。

关于舍入误差，它的产生涉及多种因素，大致可分为以下几方面：使用任何计算工具，计算数据的字长都不可能无限；具有有限字长的数与数之间的运算；在计算机上计算右函数 $f(x, t)$ 所使用的程序的精度；等等。由此可见，舍入误差的情况比截断误差更复杂。然而，我们可以设法估计它的界。例如，把舍入误差当作随机量，采用统计方法，就可得到较好的结果。

在讨论截断误差时，不免要提出这样的问题：当 $h \to 0$ 时，是否有 $x_n \to x(t_n)$。这里 $x(t_n)$ 和 x_n 分别表示式（2.58）的精确解和步点上 t_n 上的数值解（近似解），这就是数值计算方法的收敛性问题。另一个问题是稳定性问题，不论是单步法还是多步法，某一步产生的误差（包括初值误差和舍入误差）都会传播下去，将误差累积（即全局误差的累积），只有误差的累积得到控制，相应的数值计算方法才是稳定的，否则称之为不稳定的。数值稳定性问题与数值计算方法的阶数及步长都有关系，一个数值计算方法是否实用，稳定性是至关重要的。

2.6.3　常用的单步法——龙格 – 库塔法

一种常用的单步法就是众所周知的龙格 – 库塔法（Runge-Kutta）法（简称"RK 方法"），其基本思想就是间接引用泰勒展式，即用积分区间 $[t_n, t_{n+1}]$ 上若干点的右函数值 f 的线性组合代替 $f(\cdot)$ 的导数，然后用泰勒展式确定相应的系数。这样既能避免计算 $f(\cdot)$ 的各阶导数，又能保证精度。

以常用的四阶 RK 方法为例，令

$$x_{n+1} = x_n + \sum_{i=1}^{4} c_i k_i \tag{2.67}$$

式中，c_i——待定的权因子；

k_i 满足下列方程：

$$\begin{cases} k_i = hf\left(t_n + \alpha_i h, x_n + \sum_{j=1}^{i-1} \beta_{ij} k_j\right) \\ \alpha_1 = 0, \quad \beta_{1j} = 0, \quad j = 1,2,3,4 \end{cases} \tag{2.68}$$

即

$$\begin{cases} k_1 = hf(t_n, x_n) \\ k_2 = hf(t_n + \alpha_2 h, x_n + \beta_{21} k_1) \\ k_3 = hf(t_n + \alpha_3 h, x_n + \beta_{31} k_1 + \beta_{32} k_2) \\ k_4 = hf(t_n + \alpha_4 h, x_n + \beta_{41} k_1 + \beta_{42} k_2 + \beta_{43} k_3) \end{cases} \tag{2.69}$$

式中，系数 α_i，β_{ij} 的确定方法如下：

将 k_i 右端的 $f(\cdot)$ 在点 (t_n, x_n) 处展开，有

$$\begin{cases} k_1 = hf_n \\ k_2 = hf_n + h^2(\alpha_2 f'_{t_n} + \beta_{21} f'_{x_n} f_n) + \cdots \\ \cdots \end{cases} \tag{2.70}$$

将式（2.70）代入式（2.67）式并与 $x(t_n + h)$ 在点 t_n 处的泰勒展式

$$x(t_n + h) = x(t_n) + hf(t_n, x(t_n)) + \frac{h^2}{2}(f'_{t_n} + f'_{t_n} f_n) + \cdots \tag{2.71}$$

逐项进行比较，令 h, h^2, h^3, h^4 项的系数相等，便得到确定 c_i 和 β_{ij} 的关系式，即

$$c_1 + c_2 = 1, \quad c_2 \alpha_2 = \frac{1}{2}, \quad c_2 \beta_{21} = \frac{1}{2}, \cdots \tag{2.72}$$

显然，上述参数 c_i，α_i，β_{ij} 的选择不是唯一的，有自由参数，其不同选择就确定了不同的 RK 公式。

不难看出，对于四阶 RK 公式，其阶数与每前进一步所需计算的函数值 f 的次数是一致的。但更高阶的 RK 公式所需计算的 f 值的次数要比阶数多。若用 $N(m)$ 表示只需计算 m 次 f 值所获得的方法的最高阶数，则有

$$N(m) = m, \quad m = 1,2,3,4 \tag{2.73}$$

而

$$N(5) = 4, N(6) = 5, N(7) = 6, N(8) = 6, N(9) = 7, \cdots \tag{2.74}$$

下面具体给出几种常用的显式 RK 公式。

1. 四阶公式

（1）古典形式：

$$x_{n+1} = x_n + \frac{1}{6}(k_1 + 2k_2 + 2k_3 + k_4) \tag{2.75}$$

$$\text{s. t.}\begin{cases} k_1 = hf(t_n, x_n) \\ k_2 = hf\left(t_n + \dfrac{1}{2}h, x_n + \dfrac{1}{2}k_1\right) \\ k_3 = hf\left(t_n + \dfrac{1}{2}h, x_n + \dfrac{1}{2}k_2\right) \\ k_4 = hf(t_n, x_n + k_3) \end{cases} \tag{2.76}$$

（2）Gill 公式（它有减少舍入误差的优点）：

$$x_{n+1} = x_n + \frac{1}{6}\left[k_1 + (2 - \sqrt{2})k_2 + (2 + \sqrt{2})k_3 + k_4\right] \tag{2.77}$$

$$\text{s. t.}\begin{cases} k_1 = hf(t_n, x_n) \\ k_2 = hf\left(t_n + \dfrac{1}{2}h, x_n + \dfrac{1}{2}k_1\right) \\ k_3 = hf\left(t_n + \dfrac{1}{2}h, x_n + \dfrac{\sqrt{2}-1}{2}k_1 + \left(1 - \dfrac{\sqrt{2}}{2}\right)k_2\right) \\ k_4 = hf\left(t_n + h, x_n - \dfrac{\sqrt{2}}{2}k_2 + \left(1 + \dfrac{\sqrt{2}}{2}\right)k_3\right) \end{cases} \tag{2.78}$$

四阶 RK 方法是一种应用较广的单步法，对于解决天体力学（包括自然天体和人造天体的运动）中的某些精度要求不太高且右函数简单的问题也适用。

2. RKF 公式

RK 方法本身估计局部截断误差比较麻烦。为此，费尔贝格（Fehlberg）提出了一种使用嵌套技术的 RK 方法，利用参数 c_i、α_i、β_{ij} 可有不同选择的特点，同时给出 m 阶和 $m+1$ 阶的两组 RK 公式，用两组公式算出的 x_{n+1} 之差可给出局部截断误差，由此可确定下一步的步长，这就起到了自动选择步长的作用，此方法称为龙格－库塔－费尔贝格法（Runge-Kutta-Fehlberg 方法），简称"RKF 方法"。该方法利用了自由选择参数的特点，实现了两组公式的嵌套，m 阶公式与 $m+1$ 阶公式相差甚少（见式（2.79）～式（2.87）），仅比同阶的 RK 公式需多计算很少几次右函数值，即可给出局部截断误差。因此，RKF 方法已成为目前被广泛采用的单步法。

许多文献中都给出了 5(6) 阶、6(7) 阶、7(8) 阶和 8(9) 阶四个嵌套公式[6]，相应地记为 RKF5(6)、RKF6(7)、RKF7(8) 和 RKF8(9)。至于更高阶的嵌套公式，已不再能提高效率。下面分别给出 RKF5(6)、RKF6(7) 和 RKF7(8) 三套公式。

（1）RKF5(6) 公式：

$$\begin{cases} x_{n+1} = x_n + h\displaystyle\sum_{i=0}^{5} c_i f_i + O(h^6) \\ \hat{x}_{n+1} = x_n + h\displaystyle\sum_{i=0}^{7} \hat{c}_i f_i + O(h^7) \end{cases} \tag{2.79}$$

$$\begin{cases} f_0 = f(t_n, x_n) \\ f_i = f(t_n + \alpha_i h, x_n + h \sum_{j=0}^{i-1} \beta_{ij} f_j), \quad i = 1, 2, \cdots, 7 \end{cases} \tag{2.80}$$

第 $n+1$ 步的局部截断误差为

$$\text{TE} = \frac{5}{66}(f_0 + f_5 - f_6 - f_7)h \tag{2.81}$$

相应的系数 $\alpha_i, \beta_{ij}, c_i$ 和 $\hat{c}_i$ 列入表 2.1。

表 2.1 RKF5(6)系数

i	α_i	β_{i0}	β_{i1}	β_{i2}	β_{i3}	β_{i4}	β_{i5}	β_{i6}	c_i	$\hat{c}_i$
0	0	0							$\frac{31}{384}$	$\frac{7}{1408}$
1	$\frac{1}{6}$	$\frac{1}{6}$								0
2	$\frac{4}{15}$	$\frac{4}{75}$	$\frac{16}{75}$							$\frac{1125}{2916}$
3	$\frac{2}{3}$	$\frac{5}{6}$	$-\frac{8}{3}$	$\frac{2}{5}$						$\frac{9}{32}$
4	$\frac{4}{5}$	$-\frac{8}{5}$	$\frac{144}{25}$	-4	$\frac{16}{25}$					$\frac{125}{768}$
5	1	$\frac{361}{320}$	$-\frac{18}{5}$	$\frac{407}{18}$	$-\frac{11}{80}$	$\frac{55}{128}$			$\frac{5}{66}$	0
6	0	$-\frac{11}{640}$	0	$\frac{11}{256}$	$-\frac{11}{160}$	$\frac{11}{256}$	0			$\frac{5}{66}$
7	1	$\frac{93}{640}$	$-\frac{18}{5}$	$\frac{803}{256}$	$-\frac{11}{160}$	$\frac{99}{256}$	0	1		$\frac{5}{66}$

由式（2.79）不难看出，对于五阶公式而言，仅多计算 2 次右函数（f_6 和 f_7）。

（2）RKF6(7)公式：

$$\begin{cases} x_{n+1} = x_n + h \sum_{i=0}^{7} c_i f_i + O(h^7) \\ \hat{x}_{n+1} = x_n + h \sum_{i=0}^{9} \hat{c}_i f_i + O(h^8) \end{cases} \tag{2.82}$$

$$\begin{cases} f_0 = f(t_n, x_n) \\ f_i = f(t_n + \alpha_i h, x_n + h \sum_{j=0}^{j-1} \beta_{ij} f_j), i = 1, 2, \cdots, 9 \end{cases} \tag{2.83}$$

截断误差为

$$\mathrm{TE} = \frac{11}{270}(f_0 + f_7 - f_8 - f_9)h \tag{2.84}$$

相应的系数列入表2.2。

表 2.2　RKF6（7）系数

i	α_i	β_{i0}	β_{i1}	β_{i2}	β_{i3}	β_{i4}	β_{i5}	β_{i6}	β_{i7}	β_{i8}	c_i	$\hat{c}_i$
0	0	0									$\frac{77}{1440}$	$\frac{11}{860}$
1	$\frac{2}{33}$	$\frac{2}{33}$									0	
2	$\frac{4}{33}$	0	$\frac{4}{33}$								0	
3	$\frac{2}{11}$	$\frac{1}{22}$	0	$\frac{3}{22}$							$\frac{1771561}{6289920}$	
4	$\frac{1}{2}$	$\frac{43}{64}$	0	$-\frac{165}{64}$	$\frac{77}{32}$						$\frac{32}{105}$	
5	$\frac{2}{3}$	$-\frac{2383}{486}$	0	$\frac{1067}{54}$	$-\frac{26312}{1701}$	$\frac{2176}{1701}$					$\frac{243}{2560}$	
6	$\frac{6}{7}$	$\frac{10077}{4802}$	0	$-\frac{5643}{686}$	$-\frac{116259}{16807}$	$-\frac{6240}{16807}$	$\frac{1053}{2401}$				$\frac{16807}{74880}$	
7	1	$-\frac{733}{176}$	0	$\frac{141}{8}$	$-\frac{335763}{23296}$	$\frac{216}{77}$	$-\frac{4617}{2816}$	$\frac{7203}{9152}$			$\frac{11}{270}$	0
8	0	$\frac{15}{352}$	0	0	$-\frac{5445}{46592}$	$\frac{18}{77}$	$-\frac{1215}{5632}$	$\frac{1029}{18304}$	0			$\frac{11}{270}$
9	1	$-\frac{1833}{352}$	0	$\frac{141}{8}$	$-\frac{51237}{3584}$	$\frac{18}{77}$	$-\frac{729}{512}$	$\frac{1029}{1408}$	0	1		$\frac{11}{270}$

（3）RKF7（8）公式：

$$\begin{cases} x_{n+1} = x_n + h\sum_{i=0}^{10} c_i f_i + O(h^8) \\ \hat{x}_{n+1} = x_n + h\sum_{i=0}^{12} \hat{c}_i f_i + O(h^9) \end{cases} \tag{2.85}$$

$$\begin{cases} f_0 = f(t_n, x_n) \\ f_i = f(t_n + \alpha_i h, x_n + h\sum_{j=0}^{i-1} \beta_{ij} f_j), \quad i = 1, 2, \cdots, 12 \end{cases} \tag{2.86}$$

截断误差为

$$\mathrm{TE} = \frac{41}{840}(f_0 + f_{10} - f_{11} - f_{12})h \tag{2.87}$$

相应的系数列入表2.3。

表 2.3　RKF7(8)系数

i	α_i	β_{i0}	β_{i1}	β_{i2}	β_{i3}	β_{i4}	β_{i5}	β_{i6}	β_{i7}	β_{i8}	β_{i9}	β_{i10}	β_{i11}	c_i	$\hat{c}_i$
0	0	0												$\frac{41}{840}$	0
1	$\frac{2}{27}$	$\frac{2}{27}$												0	
2	$\frac{1}{9}$	$\frac{1}{36}$	$\frac{1}{12}$											0	
3	$\frac{1}{6}$	$\frac{1}{24}$	0	$\frac{1}{8}$										0	
4	$\frac{5}{12}$	$\frac{5}{12}$	0	$-\frac{25}{16}$	$\frac{25}{16}$									0	
5	$\frac{1}{2}$	$\frac{1}{20}$	0	0	$\frac{1}{4}$	$\frac{1}{5}$								$\frac{34}{105}$	
6	$\frac{5}{6}$	$-\frac{25}{108}$	0	0	$\frac{125}{108}$	$-\frac{65}{27}$	$\frac{125}{54}$							$\frac{9}{35}$	
7	$\frac{1}{6}$	$\frac{31}{300}$	0	0	0	$\frac{61}{225}$	$-\frac{2}{9}$	$\frac{13}{900}$						$\frac{9}{35}$	
8	$\frac{2}{3}$	2	0	0	$-\frac{53}{6}$	$\frac{704}{45}$	$-\frac{107}{9}$	$\frac{67}{90}$	3					$\frac{9}{280}$	
9	$\frac{1}{3}$	$-\frac{91}{108}$	0	0	$\frac{23}{108}$	$-\frac{976}{135}$	$\frac{311}{54}$	$-\frac{19}{60}$	$\frac{17}{6}$	$-\frac{1}{12}$				$\frac{9}{280}$	
10	1	$\frac{2383}{4100}$	0	0	$-\frac{341}{164}$	$\frac{4496}{1025}$	$-\frac{301}{82}$	$\frac{2133}{4100}$	$\frac{45}{82}$	$\frac{45}{162}$	$\frac{18}{41}$			$\frac{41}{840}$	0
11	0	$-\frac{3}{205}$	0	0	0	0	$-\frac{6}{41}$	$-\frac{3}{205}$	$-\frac{3}{41}$	$\frac{3}{41}$	$\frac{6}{41}$	0			$\frac{41}{840}$
12	1	$-\frac{1777}{4100}$	0	0	$-\frac{341}{164}$	$\frac{4496}{1025}$	$-\frac{289}{82}$	$\frac{2193}{4100}$	$\frac{51}{82}$	$\frac{33}{164}$	$\frac{12}{41}$	0	1		$\frac{41}{840}$

目前常用的精度较高的数值计算方法为 RKF7(8) 方法。

2.7　航天器轨道机动概述

1. 轨道机动的内涵

轨道机动是指利用发动机的推力或环境外力主动改变航天器的轨道。轨道机动通常包含以下类型：

（1）轨道改变或轨道转移。

（2）轨道保持或轨道修正。

（3）轨道接近。

（4）任意机动。

2. 轨道机动方法

1）脉冲机动

脉冲机动是指通过在轨火箭发动机点火来瞬时改变速度矢量的大小和方向。在脉冲机动时，可以认为航天器的位置是固定不变的，只有速度发生变化。

脉冲机动速度大小的增量 Δv 与燃料质量消耗 Δm 间的关系如下：

$$\frac{\Delta m}{m} = 1 - \exp\left(-\frac{\Delta v}{I_{sp}g_0}\right) \tag{2.88}$$

式中，I_{sp}——燃料的比推力，I_{sp} = 推力/所耗燃料在海平面引力加速度下的重力，s；

　　　m——航天器总质量，kg；

　　　g_0——海平面引力加速度，m/s^2。

2）有限推力作用下的轨道机动

有限推力作用下的轨道机动是指通过控制推力为有限数值的发动机的开关时间及发动机推力方向，经过一段时间的作用来改变航天器的轨道。采用这种方法时，轨道的机动不是瞬间完成的，发动机按照有限推力的模式工作，航天器质量变化服从变质量体动力学方程

$$\dot{m} = -\frac{F}{v_e} \tag{2.89}$$

式中，F——初始推重比；

　　　v_e——发动机无量纲燃气喷射速度。

3）小推力作用下的轨道机动

使用能够产生持续小推力的推进器（如离子推进器）改变航天器的轨道称为小推力轨道机动。小推力轨道机动是一种连续轨道机动方式，小推力比较小，一般在几十到几百毫牛（mN）之间。因此要改变航天器的轨道，推力的作用时间非常长，轨道根数的变化也非常慢，是慢变量。

2.8　行星际轨道概述

1. 行星际空间与行星际轨道的内涵

行星际空间：太阳系中行星的影响球之外的空间区域。

行星际轨道：航天器在行星际空间的运行轨迹。

2. 行星际轨道的设计方法

圆锥曲线拼接法是一种简单又实用的行星际轨道设计方法。运用圆锥曲线拼接法，可将太空任务分为三个阶段：相对于出发行星的双曲线出发轨道；相对于太阳的巡航椭圆轨道；相对于目标行星的双曲线到达轨道。

圆锥曲线拼接法首先将航天器在出发行星影响球的速度与巡航阶段边界处的初始速度相

匹配，并确定双曲线出发轨道的近地点半径，以决定出发点处所需的速度增量。航天器沿此双曲线轨道逃离行星影响球之后，将沿一条日心霍曼转移轨道到达目标行星影响球。然后，通过确定目标行星影响球的速度和双曲线到达轨道的近地点，便可确定与目标行星交会所需的速度增量或进行行星飞越所需的双曲线轨道方向。

在对行星际轨道研究时，通常做如下假定：

（1）当航天器位于行星的影响球范围之外时，其绕太阳的轨道为无摄开普勒轨道。

（2）由于行星际距离非常大，因此对于日心轨道，我们可以忽略影响球的大小并将其看作与所围绕的行星一样，均为空间中的一个点，且该点与其相对应的行星中心重合。

（3）在每个行星的影响球之内，航天器绕行星的轨道为无摄的开普勒轨道。以整个太阳系的尺度来看，行星的引力影响球仅为一个点；从行星自身角度来看则是巨大的，甚至可以看作延伸至无穷远处。

第 3 章
航天器轨道动力学仿真基础

3.1 MATLAB 的轨道动力学仿真基础

3.1.1 MATLAB 基础

MATLAB（Matrix Laboratory） 是 MathWorks 公司开发的科学与工程计算软件。该软件广泛应用于自动控制、数学运算、信号分析、计算机技术、图像信号处理、财务分析、航天工业、汽车工业、生物医学工程、语音处理和雷达工程等行业。MATLAB 已经成为国内外高校和研究部门科学研究的重要工具。

MATLAB 软件主要由三部分构成：MATLAB 主体、Simulink 组件及工作箱。

1. MATLAB 主体

MATLAB 主体是该软件最核心的部分，提供了 MATLAB 的工作环境，用户利用工作环境中提供的功能实现数据的操作、运算和可视化等。

启动 MATLAB 软件，打开 MATLAB 主界面窗口（图 3.1），其包含菜单栏、工具栏、"开始"按钮和不同用途的子窗口等。

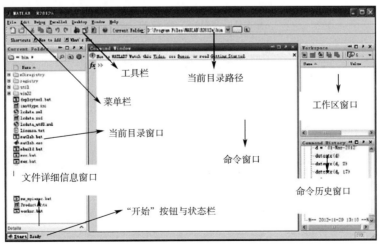

图 3.1 MATLAB 主界面窗口

（1）菜单栏提供了"File""Edit""View""Web""Window"和"Help"菜单。
"File"菜单的功能如表3.1所示。

表3.1　"File"菜单的功能

下拉菜单		功能
New	M – file	新建一个M文件，打开M文件编辑/调试
	Figure	新建一个图形窗口
	Model	新建一个仿真模型
	GUI	新建一个图形用户设计界面(GUI)
Open…		打开已有文件
Close Command Window		关闭历史命令窗口
Import Data…		导入其他文件的数据
Save Workspace As…		使用二进制的MAT文件保存工作空间的内容
Page Setup…		页面设置
Set Path		设置搜索路径
Preferences…		设置MATLAB工作环境外观和操作的相关属性等参数
Print…		打印
Print Selection…		打印所选择区域
Exit MATLAB		退出MATLAB

"Edit"菜单的各菜单项与Windows操作系统的"Edit"菜单相似，但"Paste Special"有点特殊，其可以用来打开数据输入向导对话框"ImportWizard"，将剪贴板的数据输入MATLAB工作空间。"Edit"菜单的功能如表3.2所示。

表3.2　"Edit"菜单的功能

下拉菜单	功能	下拉菜单	功能
Undo	撤销	Select All	选择所有
Redo	恢复	Delete	删除
Cut	剪切	Clear Command Window	清空命令窗口
Copy	复制	Clear Command History	清空命令历史
Paste	粘贴	Clear Workspace	清空工作空间
Paste Special	选择性粘贴		

"View"菜单的功能如表3.3所示。

表 3.3　"View"菜单的功能

下拉菜单	功能
Desktop Layout	界面布局（可选择各种布局方式）
Undock Command Window	分离指令窗口
Command Window	打开命令窗口
Command History	打开历史命令窗口
Current Directory	打开当前目录窗口
Workspace	打开工作空间窗口
Launch Pad	打开交互界面分类目录窗口
Profiler	打开程序性能剖析窗口
Help	打开帮助窗口

"Web"菜单的功能如表 3.4 所示。

表 3.4　"Web"菜单的功能

下拉菜单	功能
The MathWorks Web Site	链接到 MathWorks 公司主页
MATLAB Central	链接到 MATLAB Central
MATLAB File Exchange	链接到 MATLAB File Exchange
MATLAB Newsgroup Access	链接到 MATLAB Newsgroup Access
Check for Updates	通过网站检查版本更新
Products	链接到产品介绍页面
Membership	链接到介绍 MathWorks 公司的会员制度
Technical Support Knowledge Base	链接到 MathWorks 公司的技术支持网页

"Window"菜单提供在已打开的各窗口之间切换的功能。

"Help"菜单提供进入各类帮助系统的方法。

（2）MATLAB 工具栏的功能与 Windows 操作系统工具栏的功能类似，这里不再详细介绍。

（3）命令窗口。

在命令窗口中可输入各种 MATLAB 的命令、函数和表达式，并显示除图形外的所有运算结果。如果选择菜单"View"→"Undock Command Window"，则命令窗口单独显示。如果选择菜单"View"→"Dock Command Window"，则由单独的命令窗口返回 MATLAB 界面。

命令窗口不仅可以对输入的命令进行编辑、运行，还可以对已输入的命令进行回调、编辑和重运行。命令窗口中常用操作键的功能如表 3.5 所示。

表 3.5　命令窗口中常用操作键的功能

键名	功能	键名	功能
↑	向前调回已输入的命令行	Home	使光标移到当前行的开头
↓	向后调回已输入的命令行	End	使光标移到当前行的末尾
←	在当前行中左移光标	Delete	删除光标右边的字符
→	在当前行中右移光标	Backspace	删除光标左边的字符
PageUp	向前翻阅当前窗口中的内容	Esc	清除当前行的全部内容
PageDown	向后翻阅当前窗口中的内容	Ctrl + C	中断 MATLAB 命令的运行

下面将主要介绍在命令窗口中输入的常用标点符号、操作命令、运算符、函数，分别如表 3.6 ~ 表 3.11 所示。

表 3.6　MATLAB 常用标点符号及功能

名称	符号	功能
空格		用于输入变量之间的分隔符；用于数组行元素之间的分隔符
逗号	,	用于要显示计算结果的命令之间的分隔符；用于输入变量之间的分隔符；用于数组行元素之间的分隔符
点号	.	用于数值中的小数点
分号	;	用于不显示计算结果命令行的结尾；用于不显示计算结果命令之间的分隔符；用于数组元素之间的分隔符
冒号	:	用于生成一维数值数组，表示一维数组的全部元素或多维数组的某一维的全部元素
百分号	%	用于注释的前面，在它后面的命令不需要执行
单引号	''	用于括住字符串
圆括号	( )	用于引用数组元素；用于函数输入变量列表；用于确定算数运算的先后次序
方括号	[ ]	用于构成向量和矩阵；用于函数输出列表
花括号	{}	用于构成元胞数组
下划线	_	用于一个变量、函数或文件名中的连字符
续行号	...	用于把后面的行与该行连接以构成一个较长的命令
"at" 号	@	用于放在函数名前形成函数句柄；用于放在目录名前形成用户对象类目录

表 3.7　MATLAB 的常用操作命令及功能

命令	功能	命令	功能
exit	关闭/退出 MATLAB	clf	清除图形窗口中的图形
clear	清除 MATLAB 工作空间中保存的变量	dir	显示目录下的文件
quit	关闭/退出 MATLAB	hold on/off	图形保持开关
clc	清除命令窗口的全部显示内容	save	保存内存变量到指定文件
cd	设置当前工作目录	edit	新建 M 文件编辑器

表 3.8　MATLAB 的常用运算符及功能

运算符	功能	运算符	功能
+	加	\	左除
−	减	^	求幂
*	乘	'	复数的共轭转置
/	除	( )	指定运算顺序

表 3.9　MATLAB 的常用函数及功能

函数	功能	函数	功能
sin( )	正弦（变量为弧度）	cot( )	余切（变量为弧度）
asin( )	反正弦（返回弧度）	acot( )	反余切（返回弧度）
sind( )	正弦（变量为度数）	cotd( )	余切（变量为度数）
asind( )	反正弦（返回度数）	acotd( )	反余切（返回度数）
cos( )	余弦（变量为弧度）	realsqrt( )	返回非负根
acos( )	反正弦（返回弧度）	exp( )	指数运算
cosd( )	余弦（变量为度数）	log( )	自然对数
acosd( )	反正弦（返回度数）	log10( )	以 10 为底的对数
tan( )	正切（变量为弧度）	sum( )	向量元素求和
atan( )	反正切（返回弧度）	sqrt( )	开方
tand( )	正切（变量为度数）	abs( )	取绝对值
atand( )	反正切（返回度数）	angle( )	返回复数的相位角

表 3.10　MATLAB 中与数组和矩阵相关的常用函数及功能

函数	功能	函数	功能
ones( )	创建一个所有元素都为 1 的矩阵，其中可以制定维数	zeros( )	创建一个所有元素都为 0 的矩阵
eye( )	创建对角元素为 1，其他元素为 0 的矩阵	diag( )	根据向量创建对角矩阵，即以向量的元素为对角元素
rand( )	创建随机矩阵，服从均匀分布	randn( )	创建随机矩阵，服从正态分布
randperm( )	创建随机行向量	horcat C = [ ]	水平聚合矩阵
blkdiag( )	创建块对角矩阵	length( )	返回矩阵最长维的长度
ndims( )	返回维数	numel	返回矩阵元素个数
size( )	返回每一维的长度	reshape( )	重塑矩阵

续表

函数	功能	函数	功能
rot90( )	旋转矩阵90°,逆时针方向	fliplr( )	沿垂轴翻转矩阵
flipud( )	沿水平轴翻转矩阵	transpose( )	沿主对角线翻转矩阵
ctranspose( )	转置矩阵,也可用 A'或 A. ',仅当矩阵为复数矩阵时才有区别	inv( )	矩阵的逆
det( )	矩阵的行列式值	trace( )	矩阵对角元素的和
norm( )	矩阵或矢量的范数	normest( )	估计矩阵的最大范数矢量
chol( )	矩阵的 Cholesky 分解	cholinc( )	不完全 Cholesky 分解
lu( )	LU 分解	luinc( )	不完全 LU 分解
qr( )	正交分解	kron( )	计算克罗内克积
rank( )	求出矩阵的秩	pinv( )	求伪逆矩阵

表 3.11 绘图相关函数及功能

函数	功能	函数	功能
plot	绘制二维线性图形和两个坐标轴	semilogx	绘制半对数坐标图形
plot3	绘制三维线性图形和两个坐标轴	gridon	添加网格
fplot	在制定区间绘制某函数的图像	hold on	添加图形
loglog	绘制对数图形及两个坐标轴	subplot( )	在一幅图里画多幅子图

其他函数可以用 help elfun 和 help specfun 命令获得。

2. Simulink 组件

MATLAB 提供了一个重要组件 Simulink，即动态仿真集成环境。Simulink 为用户提供了系统的一些基本模块，用户无须编写程序代码，将所需的系统模块连接，即可搭建系统模型，实现系统交互式建模和仿真分析。

3. 工具箱

MATLAB 还提供了很多专用的工具箱，用以解决不同学科领域的特定问题。

MATLAB 有以下主要工具箱：

- 控制系统工具箱（Control System Toolbox）
- 系统辨识工具箱（System Identification Toolbox）
- 信号处理工具箱（Signal Processing Toolbox）
- 神经网络工具箱（Neural Network Toolbox）
- 模糊逻辑工具箱（Fuzzy Logic Toolbox）

- 小波工具箱（Wavelet Toolbox）

- 模型预测控制工具箱（Model Predictive Control Toolbox）

- 通信工具箱（Communication Toolbox）

- 图像处理工具箱（Image Processing Toolbox）

- 频域系统辨识工具箱（Frequency System Identification Toolbox）

- 优化工具箱（Optimization Toolbox）

- 偏微分方程工具箱（Partial Differential Equation Toolbox）

- 金融工具箱（Financial Toolbox）

- 统计工具箱（Statistics Toolbox）

3.1.2　轨道力学相关算法的 MATLAB 实现

本节将《轨道力学》[1]中的一些基本算法和程序进行对应整理，提供相应的 MATLAB 程序参考。后续实验并不是这些基本算法的简单堆砌，而是需要将各种算法合理地结合和应用，因此本节的相关程序只是基础，可作为相关算法程序实现的参考。

算法3.1　利用牛顿迭代算法求解开普勒方程

开普勒方程表达式如下：

$$E - e\sin E = M_e$$

当已知平近点角 M_e，求解偏近点角 E 时，开普勒方程所对应的是一个超越方程，其不能直接解出 E，需要用数值方法来求解，这里将用牛顿迭代算法求解偏近点角 E。

【算法描述】

已知偏心率 e 和平近点角 M_e，从开普勒方程中解出偏近点角 E。将此算法在 MATLAB 中予以实现。步骤如下：

第 1 步，选择 E 的初始估计值：若 $M_e < \pi$，则 $E = M_e + e/2$；若 $M_e > \pi$，则 $E = M_e - e/2$。注意：E 和 M_e 的单位均为弧度（rad）。

第 2 步，在确定 E 的估计值后，计算：

$$f(E_i) = E_i - e\sin E_i - M_e$$

$$f'(E_i) = 1 - e\cos E_i$$

第 3 步，算出比值 $\text{ratio}_i = \dfrac{f(E_i)}{f'(E_i)}$。

第 4 步，若 $|\text{ratio}_i|$ 超出所要求的精度范围（如 10^{-8}），则按下式重新计算 E 的估计值：

$$E_{i+1} = E_i - \text{ratio}_i$$

再返回第 2 步。

第 5 步，如果 $|\text{ratio}_i|$ 在所要求的精度范围内，则此时的 E_i 就是所设精度范围内的解。

【MATLAB 程序实现】

```
function E = kepler_E(e,M)
%~~~~~~~~~~~~~~~~~~~~~
% 这个函数使用牛顿的方法求解开普勒方程 E - e * sin(E) = M 的偏近点角
% 给定偏心率和平近点角
% E - 偏近点角(弧度)
% e - 偏心率,从调用程序传递
% M - 平近点角 (弧度)
% pi - 3.1415926...
%-------------------------------------------
%... 设置容错:
error = 1.e-8;
%... 选择 E 的初始估计值:
if M < pi
E = M + e/2;
else
E = M - e/2;
end
%... 迭代,直到确定 E 在所要求的范围内:
ratio = 1;
while abs(ratio) > error
ratio = (E - e * sin(E) - M)/(1 - e * cos(E));
E = E - ratio;
end
```

例 3.1 一地心椭圆轨道,已知 $e = 0.37255$, $M = 3.6029$, 求对应的偏近点角 E。
代码如下:

```
% 本程序利用算法 3.1 和例 3.1 的数据求解开普勒方程
clear
e = 0.37255;
M = 3.6029;
E = kepler_E(e,M);
%... 将输入数据和输出返回命令窗口:
fprintf('-----------------------------------')
fprintf('\n Eccentric anomaly (radians) = % g',E)
```

```
fprintf('\n -------------------------------\n')
% ~~~~~~~~~~~~~~~~~~~~~~~~~~~~~~
```

运行结果：

```
-------------------------------
Eccentric anomaly ( radians ) = 3. 47942
-------------------------------
```

算法 3.2　计算斯达姆夫函数

算法描述：

斯达姆夫函数 $C(z)$ 和 $S(z)$ 与圆周及双曲三角函数关系如下：

$$S(z) = \begin{cases} \dfrac{\sqrt{z} - \sin\sqrt{z}}{(\sqrt{z})^3}, & z > 0 \\[2mm] \dfrac{\sinh\sqrt{-z} - \sqrt{-z}}{(\sqrt{-z})^3}, & z < 0 \\[2mm] \dfrac{1}{6}, & z = 0 \end{cases}$$

$$C(z) = \begin{cases} \dfrac{1 - \cos\sqrt{z}}{z}, & z > 0 \\[2mm] \dfrac{\cosh\sqrt{-z} - 1}{-z}, & z < 0 \\[2mm] \dfrac{1}{2}, & z = 0 \end{cases}$$

式中，$z = \alpha\chi^2$。

要使用全局变量公式，我们就不得不涉及相对陌生的斯达姆夫（Stumpff）函数的相关知识。斯达姆夫函数的计算公式均很容易在计算机软件或可编程计算器中实现。

MATLAB 程序实现：

```
function s = stumpS(z)
% 该函数计算斯达姆夫函数 S(z)
if z > 0
s = ( sqrt( z ) - sin( sqrt( z ) ) )/( sqrt( z ) )^3;
elseif z < 0
s = ( sinh( sqrt( -z ) ) - sqrt( -z ) )/( sqrt( -z ) )^3;
else
s = 1/6;
```

```
end
%~~~~~~~~~~~~~~~~~~~~~~~~~~~~

function c = stumpC(z)
% 该函数计算斯达姆夫函数 C(z)
if z > 0
c = (1 - cos(sqrt(z)))/z;
elseif z < 0
c = (cosh(sqrt(-z)) - 1)/(-z);
else c = 1/2;
end
%~~~~~~~~~~~~~~~~~~~~~~~~~~~~
```

算法 3.3 用牛顿法解全局开普勒方程

【算法描述】

已知 Δt、r_0、v_{r0} 和 α，从全局开普勒方程中解出全局近点角 χ。步骤如下：

第 1 步，由式 $\chi_0 = \sqrt{\mu}\,|\alpha|\Delta t$ 得到全局近点角 χ 的初始估计值 χ_0。

第 2 步，在确定 χ 的估计值后，计算：

$$f(\chi_i) = \frac{r_0 v_{r0}}{\sqrt{\mu}}\chi_i^2 C(z_i) + (1 - \alpha r_0)\chi_i^3 S(z_i) + r_0\chi_i - \sqrt{\mu}\Delta t$$

$$f'(\chi_i) = \frac{r_0 v_{r0}}{\sqrt{\mu}}\chi_i\left[1 - \alpha\chi_i^2 S(z_i)\right] + (1 - \alpha r_0)\chi_i^2 C(z_i) + r_0$$

式中，$z_i = \alpha\chi_i^2$。

第 3 步，计算比值 $\mathrm{ratio}_i = \dfrac{f(\chi_i)}{f'(\chi_i)}$。

第 4 步，若 $|\mathrm{ratio}_i|$ 超出所选精度范围（如 10^{-8}），则按下式重新计算 χ 的估计值：

$$\chi_{i+1} = \chi_i - \mathrm{ratio}_i$$

再返回第 2 步。

第 5 步，若 $|\mathrm{ratio}_i|$ 在所选精度范围内，则接受 χ_i 作为给定精度范围内的解。

【MATLAB 程序实现】

```
function x = kepler_U(dt,ro,vro,a)
% 该函数利用牛顿法从全局开普勒方程中求解全局近点角
% mu - 引力参数（km^3/s^2）
% x - 全局近点角(km^0.5)
% dt - 从 x = 0 开始的时间（s）
```

```
%  ro - 当 x =0 时的径向位置(km)
%  vro - 当 x =0 时的径向速度(km/s)
%  a - 长半轴的倒数 (1/km)
%  z - 辅助变量(z = a * x^2)
%  C - 斯达姆夫函数的值 C(z)
%  S - 斯达姆夫函数的值 S(z)
%  n - 收敛的迭代次数
%  nMax - 允许的最大迭代次数
% 使用该函数需要: stumpC,stumpS
%------------------------------------------------
global mu
%... 设置容错度和迭代次数的限制:
error = 1. e -8;
nMax = 1000;
%... x 的起始值:
x = sqrt( mu) * abs( a) * dt;
%... 迭代第 2 步,直到在容错范围内收敛:
n = 0;
ratio = 1;
while abs( ratio) > error&&n <= nMax
n = n +1;
C = stumpC( a * x^2);
S = stumpS( a * x^2);
F = ro * vro/sqrt( mu) * x^2 * C + (1 - a * ro) * x^3 * S + ro * x - sqrt( mu) * dt;
dFdx = ro * vro/sqrt( mu) * x * (1 - a * x^2 * S) + (1 - a * ro) * x^2 * C + ro;
ratio = F/dFdx;
x = x - ratio;
end
%... 为 x 传递一个值,但报告已达到 nMax:
if n > nMax
fprintf ('\n * * No. iterations of Kepler''s equation')
fprintf (' = % g',n)
fprintf ('\n F/dFdx = % g\n',F/dFdx)
end
%~~~~~~~~~~~~~~~~~~~~~~~~~~~
```

算法 3.4　计算拉格朗日系数 f 和 g 及其时间导数

【算法描述】

利用全局变量 χ 和斯达姆夫（Stumpff）函数 $C(z)$ 与 $S(z)$ 所表示的拉格朗日系数如下：

$$f = 1 - \frac{\chi^2}{r_0} C(\alpha \chi^2)$$

$$g = \Delta t - \frac{1}{\sqrt{\mu}} \chi^3 S(\alpha \chi^2)$$

$$\dot{f} = \frac{\sqrt{\mu}}{r r_0} [\alpha \chi^3 S(\alpha \chi^2) - \chi]$$

$$\dot{g} = 1 - \frac{\chi^2}{r} C(\alpha \chi^2)$$

【MATLAB 程序实现】

```
function [f,g] = f_and_g(x,t,ro,a)
% 这个函数计算拉格朗日系数 f 和 g
% mu - 引力参数(km^3/s^2)
% a - 长半轴的倒数(1/km)
% ro - t 时的径向位置(km)
% t - 从 t(s)开始经过的时间
% x - t 时间后的全局近点角(km^0.5)
% f - 拉格朗日系数 f(无量纲)
% g - 拉格朗日系数 g(s)
global mu
z = a * x^2;
f = 1 - x^2/ro * stumpC(z);
g = t - 1/sqrt(mu) * x^3 * stumpS(z);
%--------------------------------------------


function [fdot,gdot] = fDot_and_gDot(x,r,ro,a)
% 这个函数计算拉格朗日 f 和 g 系数的时间导数
% mu - 引力参数(km^3/s^2)
% a - 长半轴的倒数 (1/km)
% ro - t 时的径向位置 (km)
% t - 自初始状态向量(s)以来经过的时间(s)
% r - 时间 t 后的径向位置 (km)
% x - t 时间后的全局近点角 (km^0.5)
% fDot - 拉格朗日系数 f 的点时间导数 (1/s)
```

```
%  gDot - 拉格朗日系数 g 的点时间导数( 无量纲)
global mu
z = a * x^2 ;
fdot = sqrt( mu)/r/ro * ( z * stumpS( z) - 1) * x ;
gdot = 1 - x^2/r * stumpC( z) ;
%~~~~~~~~~~~~~~~~~~~~~~~~~
```

算法 3.5　已知 r_0 和 v_0，确定 Δt 时刻后的 r 和 v

【算法描述】

第 1 步，由已知条件可得

（1）r_0 和 v_0 的模：

$$r_0 = \sqrt{\boldsymbol{r}_0 \cdot \boldsymbol{r}_0}, \quad v_0 = \sqrt{\boldsymbol{v}_0 \cdot \boldsymbol{v}_0}$$

（2）将 v_0 在 r_0 方向上投影，得到速度的径向分量 v_{r0}：

$$v_{r0} = \frac{\boldsymbol{r}_0 \cdot \boldsymbol{v}_0}{r_0}$$

（3）长半轴的倒数 α：

$$\alpha = \frac{2}{r_0} - \frac{v_0^2}{\mu}$$

α 决定轨道是椭圆（$\alpha > 0$）、抛物线（$\alpha = 0$），还是双曲线（$\alpha < 0$）。

第 2 步，已知 r_0、v_{r0}、α、Δt，由算法 3.3 求得全局近点角 χ。

第 3 步，将 r_0、α、Δt 和 χ 代入式 $f = 1 - \dfrac{\chi^2}{r_0} C(\alpha\chi^2)$ 和 $g = \Delta t - \dfrac{1}{\sqrt{\mu}} \chi^3 S(\alpha\chi^2)$，求出 f 和 g。

第 4 步，由式 $\boldsymbol{r} = f\boldsymbol{r}_0 + g\boldsymbol{v}_0$ 算出 $\boldsymbol{r}$，并由此计算其模值 r。

第 5 步，将 r_0、α、Δt 和 χ 代入式 $\dot{f} = \dfrac{\sqrt{\mu}}{rr_0}[\alpha\chi^3 S(\alpha\chi^2) - \chi]$ 和 $\dot{g} = 1 - \dfrac{\chi^2}{r} C(\alpha\chi^2)$，得 $\dot{f}$ 和 $\dot{g}$。

第 6 步，由式 $\boldsymbol{v} = \dot{f}\boldsymbol{r}_0 + \dot{g}\boldsymbol{v}_0$ 解出 $\boldsymbol{v}$。

【MATLAB 程序实现】

```
function [ R,V] = rv_from_r0v0( R0,V0,t)
% 这个函数根据初始状态向量( R0,V0) 和经过的时间计算状态向量( R,V)
% mu - 引力参数( km^3/s^2)
% R0 - 初始位置矢量( km)
% V0 - 初速度矢量( km/s)
% t - 经过时间( 秒)
% R - 最终位置矢量( km)
% V - 末速度矢量( km/s) %
```

```
% 使用程序需要函数：kepler_U,f_and_g,fDot_and_gDot
global mu
r0 = norm( R0);
v0 = norm( V0);
vr0 = dot( R0,V0)/r0;
alpha = 2/r0 - v0^2/mu;
x = kepler_U( t,r0,vr0,alpha);
[f,g] = f_and_g( x,t,r0,alpha);
R = f * R0 + g * V0;
r = norm( R);
[fdot,gdot] = fDot_and_gDot( x,r,r0,alpha);
V = fdot * R0 + gdot * V0;
% ~~~~~~~~~~~~~~~~~~~~~~~~~~
```

例 3.2 某人造地球卫星在以地心为原点的惯性坐标系的 xy 平面上运行。相对于此坐标系，该卫星在 t_0 时的位置 r_0(km) 和速度 v_0(km/s) 分别为

$$r_0 = 7000.0\hat{i} - 12124\hat{j} \qquad v_0 = 2.6679\hat{i} + 4.6210\hat{j}$$

利用算法 3.5 求出 60 min 后该卫星的位置矢量和速度矢量。

程序求解：

```
% 该程序根据初始状态向量(R0,V0)和运行时间计算状态向量(R,V)
% mu - 引力参数(km^3/s^2)
% R0 - 初始位置矢量(km)
% V0 - 初速度矢量(km/s)
% t - 经过时间(s)
% R - 最终位置矢量(km)
% V - 末速度矢量(km/s)%
% 运行程序需要函数：rv_from_r0v0
%
clear
global mu
mu = 398600;
% 输入例 3.2 数据
R0 = [7000  -12124 0];
V0 = [2.6679 4.6210 0];
t = 3600;
%
```

```
% 算法 3.5
[R,V] = rv_from_r0v0(R0,V0,t);
% 回显输入数据并将结果输出到命令窗口
fprintf('---------------')
fprintf('\n Final position vector(km): \n')
fprintf('\n r = (%g,%g,%g)\n',R(1),R(2),R(3))
fprintf('\n Final velocity vector (km/s): \n')
fprintf('\n v = (%g,%g,%g)',V(1),V(2),V(3))
fprintf('\n ---------------\n')
```

运行结果:

```
---------------
Final position vector(km):
r = ( -3297.77,7413.4,0)
Final velocity vector(km/s):
v = ( -8.2976, -0.964045, -0)
---------------
```

算法 3.6　由状态向量计算轨道根数

【算法描述】

第 1 步, 计算距离:

$$r = \sqrt{\boldsymbol{r} \cdot \boldsymbol{r}} = \sqrt{X^2 + Y^2 + Z^2}$$

第 2 步, 计算速度:

$$v = \sqrt{\boldsymbol{v} \cdot \boldsymbol{v}} = \sqrt{v_X^2 + v_Y^2 + v_Z^2}$$

第 3 步, 计算径向速度:

$$v_r = \boldsymbol{r} \cdot \boldsymbol{v}/r = (Xv_X + Yv_Y + Zv_Z)/r$$

注意: 若 $v_r > 0$, 则卫星正飞离近地点; 若 $v_r < 0$, 则卫星正飞向近地点。

第 4 步, 计算比角动量:

$$\boldsymbol{h} = \boldsymbol{r} \times \boldsymbol{v} = \begin{vmatrix} \hat{\boldsymbol{I}} & \hat{\boldsymbol{J}} & \hat{\boldsymbol{K}} \\ X & Y & Z \\ v_X & v_Y & v_Z \end{vmatrix}$$

第 5 步, 计算比角动量的模:

$$h = \sqrt{\boldsymbol{h} \cdot \boldsymbol{h}}$$

此为第一个轨道根数。

第 6 步，计算倾角：

$$i = \arccos \frac{h_z}{h}$$

此为第二个轨道根数。注意：i 位于 $0° \sim 180°$ 之间，不存在象限不清的问题。若 $90° < i \leqslant 180°$，则此轨道为逆行轨道。

第 7 步，计算：

$$\boldsymbol{N} = \hat{\boldsymbol{K}} \times \boldsymbol{h} = \begin{vmatrix} \hat{\boldsymbol{I}} & \hat{\boldsymbol{J}} & \hat{\boldsymbol{K}} \\ 0 & 0 & 1 \\ h_X & h_Y & h_Z \end{vmatrix}$$

该矢量定义了交线。

第 8 步，计算 $\boldsymbol{N}$ 的大小：

$$N = \sqrt{\boldsymbol{N} \cdot \boldsymbol{N}}$$

第 9 步，计算升交点的赤经：

$$\Omega = \arccos \frac{N_X}{N}$$

此为第三个轨道根数。若 $(N_X/N) > 0$，则 Ω 位于第一象限或第四象限；若 $(N_X/N) < 0$，则 Ω 位于第二象限或第三象限。应将 Ω 放置于合适的象限。注意：若 $N_Y > 0$，则升交点位于 XZ 垂直平面的正向（$0° \leqslant \Omega < 180°$）；若 $N_Y < 0$，则升交点位于 XZ 平面的负方向（$180° \leqslant \Omega < 360°$）。因此，$N_Y > 0$ 时，$0° \leqslant \Omega < 180°$；$N_Y < 0$ 时，$180° \leqslant \Omega < 360°$。总结如下：

$$\Omega = \begin{cases} \arccos \dfrac{N_X}{N}, & N_Y \geqslant 0 \\ 360° - \arccos \dfrac{N_X}{N}, & N_Y < 0 \end{cases}$$

第 10 步，计算偏心率矢量。由 $\dfrac{\boldsymbol{r}}{r} + \boldsymbol{e} = \dfrac{\dot{\boldsymbol{r}} \times \boldsymbol{h}}{\mu}$ 可知

$$\boldsymbol{e} = \frac{1}{\mu} \left[\boldsymbol{v} \times \boldsymbol{h} - \mu \frac{\boldsymbol{r}}{r} \right] = \frac{1}{\mu} \left[\boldsymbol{v} \times (\boldsymbol{r} \times \boldsymbol{v}) - \mu \frac{\boldsymbol{r}}{r} \right]$$

$$= \frac{1}{\mu} \left[\boldsymbol{r} v^2 - \boldsymbol{v} (\boldsymbol{r} \cdot \boldsymbol{v}) - \mu \frac{\boldsymbol{r}}{r} \right]$$

即

$$\boldsymbol{e} = \frac{1}{\mu} \left[\left(v^2 - \frac{\mu}{r} \right) \boldsymbol{r} - r v_r \boldsymbol{v} \right]$$

第 11 步，计算偏心率：

$$e = \sqrt{\boldsymbol{e} \cdot \boldsymbol{e}}$$

此为第四个轨道根数。可得到仅由标量组成的等式：

$$e = \frac{1}{\mu} \sqrt{(2\mu - r v^2) r v_r^2 + (\mu - r v^2)^2}$$

第 12 步，计算近地点幅角：

$$\omega = \arccos \frac{\boldsymbol{N} \cdot \boldsymbol{e}}{Ne}$$

此为第五个轨道根数。若 $\boldsymbol{N} \cdot \boldsymbol{e} > 0$，则 ω 位于第一象限或第四象限；若 $\boldsymbol{N} \cdot \boldsymbol{e} < 0$，则 ω 位于第二象限或第四象限。应将 ω 放置于合适的象限。根据观察可知：若 $\boldsymbol{e}$ 方向向上（Z 轴正半轴），则近地点位于赤道平面上方（$0° \leqslant \omega < 180°$）；若 $\boldsymbol{e}$ 方向向下，则近地点位于赤道平面下方（$180° \leqslant \omega < 360°$）。因此，$e_Z \geqslant 0$ 时，$0 \leqslant \omega < 180°$；$e_Z < 0$ 时，$180° \leqslant \omega < 360°$。总结如下：

$$\omega = \begin{cases} \arccos \dfrac{\boldsymbol{N} \cdot \boldsymbol{e}}{Ne}, & e_Z \geqslant 0 \\[3mm] 360° - \arccos \dfrac{\boldsymbol{N} \cdot \boldsymbol{e}}{Ne}, & e_Z < 0 \end{cases}$$

第 13 步，计算真近点角：

$$\theta = \arccos \frac{\boldsymbol{e} \cdot \boldsymbol{r}}{er}$$

此为第六个（也是最后一个）轨道根数。若 $\boldsymbol{e} \cdot \boldsymbol{r} > 0$，则 θ 位于第一象限或第四象限；若 $\boldsymbol{e} \cdot \boldsymbol{r} < 0$，则 θ 位于第二象限或第三象限。应确定 θ 的正确象限。注意：若卫星正飞离近地点（$\boldsymbol{r} \cdot \boldsymbol{v} \geqslant 0$），则 $0° \leqslant \theta < 180°$；若卫星正飞向近地点（$\boldsymbol{r} \cdot \boldsymbol{v} < 0$），则 $180° \leqslant \theta < 360°$。因此，由第 3 步的结果可知：

$$\theta = \begin{cases} \arccos \dfrac{\boldsymbol{e} \cdot \boldsymbol{r}}{er}, & v_r \geqslant 0 \\[3mm] 360° - \arccos \dfrac{\boldsymbol{e} \cdot \boldsymbol{r}}{er}, & v_r < 0 \end{cases}$$

此表达式可另写为

$$\theta = \begin{cases} \arccos \left[\dfrac{1}{e} \left(\dfrac{h^2}{\mu r} - 1 \right) \right], & v_r \geqslant 0 \\[4mm] 360° - \arccos \left[\dfrac{1}{e} \left(\dfrac{h^2}{\mu r} - 1 \right) \right], & v_r < 0 \end{cases}$$

上述计算轨道根数的方法并不唯一。

【MATLAB 程序实现】

```
% Function file coe_from_sv. m
%~~~~~~~~~~~~~~~~~~~~~~~~~~~~~
function coe = coe_from_sv(R,V)
% 此函数使用算法 6 根据状态向量(R,V)计算经典轨道元素(coe)
% mu – 引力参数(km^3/s^2)
% R – 在地心赤道坐标系下的位置向量(km)
```

```
%  V – 在地心赤道坐标系下的速度向量(km/s)

%  r,v – R,V 的幅值

%  vr – 径向速度分量(km/s)

%  H – 角动量矢量（km^2/s）

%  h – 角动量 H 的幅值（km^2/s）

%  incl – 轨道倾角(rad)

%  N – 线速度（km^2/s）

%  n – 线速度 N 的幅值

%  cp – N 和 R 的叉积

%  RA – 升交点赤经（rad）

%  E – 偏心向量

%  e – 偏心率

%  eps – 一个小数,低于该数便认为偏心率为零

%  w = 近地点幅角(rad)

%  TA = 真近点角(rad)

%  a = 半长轴(km)

%  pi – 3. 1415926...

%  coe – 轨道根数[ h e RA incl w TA a ]

% ----------------------------------------

global mu;

eps = 1. e - 10;

r = norm( R);

v = norm( V);

vr = dot( R,V)/r;

H = cross( R,V);

h = norm( H);

incl = acos( H(3)/h);

N = cross([ 0 0 1],H);

n = norm( N);

if n ~ = 0

    RA = acos( N(1)/n);

    if N(2) < 0

        RA = 2 * pi – RA;

    end

else
```

```
        RA = 0;
end
E = 1/mu * ( ( v^2 - mu/r) * R - r * vr * V) ;
e = norm( E) ;
if n ~ = 0
    if e > eps
        w = acos( dot( N,E)/n/e) ;
        if E(3) < 0
            w = 2 * pi - w;
        end
        else
            w = 0;
        end
else
            w = 0;
end

if e > eps
    TA = acos( dot( E,R)/e/r) ;
    if vr < 0
        TA = 2 * pi - TA;
    end
else
    cp = cross( N,R) ;
    if cp(3) > = 0
        TA = acos( dot( N,R)/n/r) ;
    else
        TA = 2 * pi - acos( dot( N,R)/n/r) ;
    end
end

a = h^2/mu/( 1 - e^2) ;
coe = [ h e RA incl w TA a] ;
end
% ~ ~ ~ ~ ~ ~ ~ ~ ~ ~ ~ ~ ~ ~ ~ ~ ~ ~ ~ ~ ~ ~ ~ ~ ~ ~ ~ ~ ~
```

算法 3.7　由轨道根数计算状态向量

此算法亦适用于围绕其他行星或太阳的轨道。

【算法描述】

第 1 步，利用式 $\{\boldsymbol{r}\}_{\bar{x}} = \dfrac{h^2}{\mu}\dfrac{1}{1+e\cos\theta}\begin{Bmatrix}\cos\theta\\\sin\theta\\0\end{Bmatrix}$ 计算近焦点坐标系中的位置矢量 $\{\boldsymbol{r}\}_{\bar{x}}$。

第 2 步，利用式 $\{\boldsymbol{v}\}_{\bar{x}} = \dfrac{\mu}{h}\begin{Bmatrix}-\sin\theta\\e+\cos\theta\\0\end{Bmatrix}$ 计算近焦点坐标系中的速度矢量 $\{\boldsymbol{v}\}_{\bar{x}}$。

第 3 步，利用式

$$[\boldsymbol{Q}]_{\bar{x}X} = \begin{bmatrix} \cos\Omega\cos\omega - \sin\Omega\sin\omega\cos i & -\cos\Omega\sin\omega - \sin\Omega\cos i\cos\omega & \sin\Omega\sin i \\ \sin\Omega\cos\omega + \cos\Omega\cos i\sin\omega & -\sin\Omega\sin\omega + \cos\Omega\cos i\cos\omega & -\cos\Omega\sin i \\ \sin i\sin\omega & \sin i\cos\omega & \cos i \end{bmatrix}$$

计算由近焦点坐标系至地心赤道坐标系的变换矩阵 $[\boldsymbol{Q}]_{\bar{x}X}$。

第 4 步，利用式 $\{\boldsymbol{r}\}_X = [\boldsymbol{Q}]_{\bar{x}X}\{\boldsymbol{r}\}_{\bar{x}}$ 和 $\{\boldsymbol{v}\}_X = [\boldsymbol{Q}]_{\bar{x}X}\{\boldsymbol{v}\}_{\bar{x}}$，将 $\{\boldsymbol{r}\}_{\bar{x}}$ 和 $\{\boldsymbol{v}\}_{\bar{x}}$ 转换为地心赤道坐标。

【MATLAB 程序实现】

```
% Function file sv_from_coe. m
% ~~~~~~~~~~~~~~~~~~~~~~~~~~~~~~~~~~~~~
function [ r,v ] = sv_from_coe( coe)
% ~~~~~~~~~~~~~~~~~~~~~~~~~
% 此函数根据轨道根数(coe)计算状态向量(r,v)
% mu – 引力参数(km^3/s^2)
% coe – 轨道根数[ h e RA incl w TA]
% 其中
    % h = 角动量(km^2/s)
    % e = 偏心率
    % RA = 升交点赤经(单位:弧度)
% incl = 轨道倾角(rad)
% w = 近地点幅角(rad)
% TA = 真近点角(rad)
% R3_w – 绕 z 轴旋转角度为 w 的旋转矩阵
% R1_i – 绕 x 轴旋转角度为 i 的旋转矩阵
% R3_W – 绕 z 轴旋转角度为 RA 的旋转矩阵
% Q_pX – 从近焦点坐标系到地心赤道坐标系的旋转矩阵
```

```
% rp - 近焦点坐标系中的位置矢量（km）
% vp - 近焦点坐标系中的速度矢量（km/s）
% r - 地心赤道坐标系中的位置矢量（km）
% v - 地心赤道坐标系中的速度矢量（km/s）
%------------------------------------------------
global mu
h = coe(1);
e = coe(2);
RA = coe(3);
incl = coe(4);
w = coe(5);
TA = coe(6);
rp = (h^2/mu) * (1/(1 + e * cos(TA))) * (cos(TA) * [1;0;0] + sin(TA) * [0;1;0]);
vp = (mu/h) * ( - sin(TA) * [1;0;0] + (e + cos(TA)) * [0;1;0]);
R3_W = [cos(RA) sin(RA) 0; - sin(RA) cos(RA) 0;0 0 1];
R1_i = [1 0 0;0 cos(incl) sin(incl);0 - sin(incl) cos(incl)];
R3_w = [cos(w) sin(w) 0; - sin(w) cos(w) 0;0 0 1];
Q_pX = R3_W' * R1_i' * R3_w';
%... r 和 v 是列向量:
r = Q_pX * rp;
v = Q_pX * vp;
%... 将 r 和 v 转换为行向量:
r = r';
v = v';
%~~~~~~~~~~~~~~~~~~~~~~~~~~~~~~~~~~~~~~~~
End
```

算法 3.8　初始轨道确定的吉伯斯法

【算法描述】

已知 r_1、r_2 和 r_3，计算步骤如下：

第 1 步，计算出 r_1、r_2 和 r_3。

第 2 步，计算出 $C_{12} = r_1 \times r_2$，$C_{23} = r_2 \times r_3$ 和 $C_{31} = r_3 \times r_1$。

第 3 步，验证 $\hat{u}_{r1} \cdot \hat{C}_{23} = 0$。

第 4 步，由式 $N = r_1(r_2 \times r_3) + r_2(r_3 \times r_1) + r_3(r_1 \times r_2)$，$D = r_1 \times r_2 + r_2 \times r_3 + r_3 \times r_1$ 和 $S = r_1(r_2 - r_3) + r_2(r_3 - r_1) + r_3(r_1 - r_2)$ 分别计算出 N、D 和 S。

第 5 步，由式 $v = \dfrac{\mu}{h}\left(\dfrac{\hat{w} \times r}{r} + e\hat{q}\right) = \dfrac{\mu}{\sqrt{\mu\dfrac{N}{D}}}\left[\dfrac{\dfrac{D}{D} \times r}{r} + e\left(\dfrac{1}{De}S\right)\right]$ 计算出 v_2。

第 6 步，根据算法 3.6，由 r_2 和 v_2 计算出轨道根数。

【MATLAB 程序实现】

```matlab
% Function file gibbs. m
%~~~~~~~~~~~~~~~~~~~~~~~~~~~~~~
function [V2,ierr] = gibbs(R1,R2,R3)
% 该函数利用吉布斯确定轨道方法计算提供的三个位置矢量中第二个位置对应的速度
% mu - 引力参数(km^3/s^2)
% R1,R2,R3 - 三个共面地心位置矢量(km)
% r1,r2,r3 - R1,R2 和 R3 的幅值(km)
% c12,c23,c31 - R1,R2,R3 三个独立叉乘结果
% N,D,S - 吉布斯算法中由 R1,R2 和 R3 形成的向量
% tol - 确定 R1,R2 和 R3 是否共面
% ierr - 如果发现 R1,R2,R3 共面,ierr = 0;否则,ierr = 1
% V2 - 对应于 R2 的速度 (km/s)
% -------------------------------------------------
global mu
tol = 1e - 4;
ierr = 0;
%... R1,R2,R3 幅值:
r1 = norm(R1);
r2 = norm(R2);
r3 = norm(R3);
%... R1,R2,R3 叉乘:
c12 = cross(R1,R2);
c23 = cross(R2,R3);
c31 = cross(R3,R1);
%... 检查 R1,R2 和 R3 是否共面;如果未共面,就设置错误标志:
if abs(dot(R1,c23)/r1/norm(c23)) > tol
    ierr = 1;
end
%...
N = r1 * c23 + r2 * c31 + r3 * c12;
D = c12 + c23 + c31;
```

```
S = R1 * ( r2 − r3 ) + R2 * ( r3 − r1 ) + R3 * ( r1 − r2 ) ;
V2 = sqrt( mu/norm( N )/norm( D ) ) * ( cross( D,R2 )/r2 + S ) ;
end
%~~~~~~~~~~~~~~~~~~~~~~~~~
```

算法 3.9　兰伯特问题解法

【算法描述】

已知 r_1、r_2 和 Δt，求解过程如下：

第 1 步，由式 $r_1 = \sqrt{\boldsymbol{r}_1 \cdot \boldsymbol{r}_1}$ 和 $r_2 = \sqrt{\boldsymbol{r}_2 \cdot \boldsymbol{r}_2}$ 计算出 r_1 和 r_2。

第 2 步，选取一个顺行轨道或逆行轨道，并用下式

$$\Delta\theta = \begin{cases} \arccos \dfrac{\boldsymbol{r}_1 \cdot \boldsymbol{r}_2}{r_1 r_2}, & (\boldsymbol{r}_1 \times \boldsymbol{r}_2)z \geq 0 \\ 360° - \arccos \dfrac{\boldsymbol{r}_1 \cdot \boldsymbol{r}_2}{r_1 r_2}, & (\boldsymbol{r}_1 \times \boldsymbol{r}_2)z < 0 \end{cases} \Bigg\} 顺行轨道 \\ \begin{cases} \arccos \dfrac{\boldsymbol{r}_1 \cdot \boldsymbol{r}_2}{r_1 r_2}, & (\boldsymbol{r}_1 \times \boldsymbol{r}_2)z < 0 \\ 360° - \arccos \dfrac{\boldsymbol{r}_1 \cdot \boldsymbol{r}_2}{r_1 r_2}, & (\boldsymbol{r}_1 \times \boldsymbol{r}_2)z \geq 0 \end{cases} \Bigg\} 逆行轨道$$

计算 $\Delta\theta$。

第 3 步，由式 $A = \sin \Delta\theta \sqrt{\dfrac{r_1 r_2}{1 - \cos \Delta\theta}}$，计算 A。

第 4 步，采用迭代法，利用下式

$$F(z) = \left[\frac{y(z)}{C(z)} \right]^{\frac{3}{2}} S(z) + A\sqrt{y(z)} - \sqrt{\mu}\,\Delta t$$

$$F'(z) = \begin{cases} \left[\dfrac{y(z)}{C(z)} \right]^{\frac{3}{2}} \left\{ \dfrac{1}{2z}\left[C(z) - \dfrac{3}{2}\dfrac{S(z)}{C(z)} \right] + \dfrac{3}{4}\dfrac{S(z)^2}{C(z)} \right\} + \dfrac{A}{8}\left[3\dfrac{S(z)}{C(z)}\sqrt{y(z)} + A\sqrt{\dfrac{C(z)}{y(z)}} \right], & z \neq 0 \\ \dfrac{\sqrt{2}}{40}y(0)^{\frac{3}{2}} + \dfrac{A}{8}\left[\sqrt{y(0)} + A\sqrt{\dfrac{1}{2y(0)}} \right], & z = 0 \end{cases}$$

$$z_{i+1} = z_i - \frac{F(z_i)}{F'(z_i)}$$

从式 $\sqrt{\mu}\,\Delta t = \left[\dfrac{y(z)}{C(z)} \right]^{\frac{3}{2}} S(z) + A\sqrt{y(z)}$ 中解出 z，由 z 可知轨道类型是双曲线（$z<0$）、抛物线（$z=0$）还是椭圆（$z>0$）。

第 5 步，由式 $y(z) = r_1 + r_2 + A\dfrac{zS(z) - 1}{\sqrt{C(z)}}$ 计算 y。

第6步，由下式

$$f = 1 - \frac{\left[\sqrt{\dfrac{y(z)}{C(z)}}\right]^2}{r_1} C(z) = 1 - \frac{y(z)}{r_1}$$

$$g = \frac{1}{\sqrt{\mu}}\left\{\left[\frac{y(z)}{C(z)}\right]^{\frac{3}{2}} S(z) + A\sqrt{y(z)}\right\} - \frac{1}{\sqrt{\mu}}\left[\frac{y(z)}{C(z)}\right]^{\frac{3}{2}} S(z) = A\sqrt{\frac{y(z)}{\mu}}$$

$$\dot{g} = 1 - \frac{\left[\sqrt{\dfrac{y(z)}{C(z)}}\right]^2}{r_2} C(z) = 1 - \frac{y(z)}{r_2}$$

计算拉格朗日函数 f、g 和 $\dot{g}$。

第7步，由式 $\boldsymbol{v}_1 = \dfrac{1}{g}(\boldsymbol{r}_2 - f\boldsymbol{r}_1)$ 和 $\boldsymbol{v}_2 = \dfrac{1}{g}(\dot{g}\boldsymbol{r}_2 - \boldsymbol{r}_1)$ 计算 $\boldsymbol{v}_1$ 和 $\boldsymbol{v}_2$。

第8步，由算法3.6用 $\boldsymbol{r}_1$ 和 $\boldsymbol{v}_1$（或 $\boldsymbol{r}_2$ 和 $\boldsymbol{v}_2$）计算轨道根数。

【MATLAB 程序实现】

```
% Function file lambert. m
% ~~~~~~~~~~~~~~~~~~~~~~~~~~~
function [V1,V2] = lambert(R1,R2,t,string)
% 该方程解决兰伯特问题
% mu – 引力参数(km^3/s^2)
% R1,R2 – 起始和结束位置矢量 (km)
% r1,r2 – R1 和 R2 的幅值
% t – 从 R1 到 R2 飞行时间(常数)(s)
% V1,V2 – 起始和结束速度矢量 (km/s)
% c12 – R1 和 R2 叉乘结果
% theta – R1 和 R2 之间夹角
% string – 'pro'顺行轨道
% 'retro'轨道逆向
% A – 常数
% z – alpha * x^2,其中 alpha 是轨道半长轴的倒数,x 是全局近点角
% y(z) – z 的函数
% F(z,t) – 变量 z 和常数 t 的函数
% dFdz(z) – F(z,t)的倒数
% ratio – F/dFdz
% tol – 收敛精度公差
% nmax – 牛顿过程的最大迭代次数
% f,g – 拉格朗日系数
```

```
%  gdot - g 的时间导数
%  C(z),S(z) - 斯达姆夫函数
%  dum - 虚拟变量
% 用户功能要求:斯达姆夫函数 C、S
%-----------------------------------------
global mu
global r1 r2 A
%... R1 和 R2 的幅值:
r1 = norm(R1);
r2 = norm(R2);
c12 = cross(R1,R2);
theta = acos(dot(R1,R2)/r1/r2);
%... 确定轨道是顺行还是逆行:
if strcmp(string,'pro')
    if c12(3) <= 0
        theta = 2 * pi - theta;
    end
else
    if strcmp(string,'retro')
        if c12(3) >= 0
            theta = 2 * pi - theta;
        end
    else
        string = 'pro'
        fprintf('\n * * 假定顺行轨迹. \n')
    end
end
%...
A = sin(theta) * sqrt(r1 * r2/(1 - cos(theta)));
%... 确定 F(z,t)大约在哪里改变符号,以及将 z 的值用作起始值:
%...
z = -100;
while F(z,t) < 0
    z = z + 0. 1;
end
%... 设置错误容限和迭代次数限制:
```

```
tol = 1. e - 8 ;
nmax = 5000 ;
%... 重复,直到确定 z 在误差容限内:
ratio = 1 ;
n = 0 ;
while( abs( ratio) > tol) & ( n <= nmax)  n = n + 1 ;
    ratio = F( z,t)/dFdz( z) ;
    z = z - ratio ;
end
%... 报告是否超过最大迭代次数:
if n >= nmax
    fprintf ('\n\n * * 迭代次数超过')
    fprintf (' % g \n\n ',nmax)
end
%...
f = 1 - y( z)/r1 ;
%...
g = A * sqrt( y( z)/mu) ;
%...
gdot = 1 - y( z)/r2 ;
%...
V1 = 1/g * ( R2 - f * R1) ;
%...
V2 = 1/g * ( gdot * R2 - R1) ;
return
%~~~~~~~~~~~~~~~~~~~~~~~~~~~~~
% 主体中使用的子功能:
%...
    function dum = y( z)
        global r1 r2 A
        dum = r1 + r2 + A * ( z * S( z) - 1)/sqrt( C( z)) ;
    return
%...
    function dum = F( z,t)
        global mu A
            dum = ( y( z)/C( z))^1. 5 * S( z) + A * sqrt( y( z)) - sqrt( mu) * t ;
```

```
                    return
%...
            function dum = dFdz(z)
                global A
                if z == 0
                    dum = sqrt(2)/40 * y(0)^1.5 + A/8 * (sqrt(y(0)) + A * sqrt(1/2/y(0)));
                else
                    dum = (y(z)/C(z))^1.5 * (1/2/z * (C(z) - 3 * S(z)/2/C(z)) + 3 * S(z)^2/4/C(z)) +
A/8 * (3 * S(z)/C(z) * sqrt(y(z)) + A * sqrt(C(z)/y(z)));
                end
                return
%... 斯达姆夫函数:
            function dum = C(z)
                dum = stumpC(z);
                return
            function dum = S(z)
                dum = stumpS(z);
                return
%~~~~~~~~~~~~~~~~~~~~~~~~~~~~~~
```

例 3.3　某人造地球卫星首次观测时的位置矢量为

$$\boldsymbol{r}_1 = 5000\,\hat{\boldsymbol{i}} + 10000\,\hat{\boldsymbol{j}} + 2100\,\hat{\boldsymbol{k}}$$

1 小时后位置矢量为

$$\boldsymbol{r}_2 = -14600\,\hat{\boldsymbol{i}} + 2500\,\hat{\boldsymbol{j}} + 7000\,\hat{\boldsymbol{k}}$$

求轨道根数和近地点高度，以及第一次观测时自近地点之后的时间。

程序如下：

```
% ++++++++++++++++++++++++++++++++++++++
% Example9
% ++++++++++++++++++++++++++++++++++++++
%
% 该程序利用算法 3.9 解决兰伯特问题,数据由例 3.3 提供
%
% pi = 3.1415926...
% deg - 实现角度与半径的弧度转换
% mu - 引力参数(km^3/s^2)
```

```
%  r1,r2 - 起始和结束位置矢量(km)
%  dt - 从 r1 到 r2 飞行时间(常数)(s)
%  string - 'pro'顺行轨道
%  'retro'轨道逆向
%  v1,v2 - 起始和结束速度矢量(km/s)
% coe - 轨道根数[h e RA incl w TA a]
        %h = 角动量(km^2/s)
        %e = 偏心率
        %RA = 升交点赤经(单位:弧度)
        %incl = 轨道倾角(rad)
        %w = 近地点幅角(rad)
        %TA = 真近点角(rad)
        %a = 半长轴(km)
% TA1 - 起始真近点角
% TA2 - 结束真近点角
% T - 椭圆轨道周期(s)
% 用户功能要求:lambert,coe_from_sv
% ++++++++++++++++++++++++++++++++++++++++
clear
clc
% ++++++++++++++++++++++++++++++++++++++++
global mu
deg = pi/180;
mu = 398600;
%
% +++++++++++ 输入数据 +++++++++++++++++++++++
r1 = [5000 10000 2100];
r2 = [ -14600 2500 7000];
dt = 3600;
string = 'pro';
%
% +++++++++++ 算法 3.9 +++++++++++++++++++++=+++
[v1,v2] = lambert(r1,r2,dt,string);
%
% +++++++++++ 算法 3.6(r1,v1) +++++++++++++++++++
coe = coe_from_sv(r1,v1);
```

```matlab
% ++++++++++保存初始真近点角+++++++++++++
TA1 = coe(6);
%
% ++++++++++算法 3.6(r2,v2)++++++++++++++++++++++
coe = coe_from_sv(r2,v2);
% ++++++++++保存结束真近点角+++++++++++++
TA2 = coe(6);
%
% +++++++++++++显示输入输出数据+++++++++++++++++
fprintf('------------------------')
fprintf('\n 例3.3:兰伯特问题 \n')
fprintf('\n\n 输入数据:\n')
fprintf('\n 引力参数(km^3/s^2) = % g\n',mu)
fprintf('\n r1(km) = [% g % g % g]',r1(1),r1(2),r1(3))
fprintf('\n r2(km) = [% g % g % g]',r2(1),r2(2),r2(3))
fprintf('\n 经历时间(s) = % g',dt)
fprintf('\n\n 结果:\n')
fprintf('\n v1(km/s) = [% g % g % g]',v1(1),v1(2),v1(3))
fprintf('\n v2(km/s) = [% g % g % g]',v2(1),v2(2),v2(3))
fprintf('\n\n 轨道根数:\n')
fprintf('\n 角动量(km^2/s) = % g',coe(1))
fprintf('\n 偏心率 = % g',coe(2))
fprintf('\n 升交点赤经(deg) = % g',coe(3)/deg)
fprintf('\n 轨道倾角(deg) = % g',coe(4)/deg)
fprintf('\n 近地点幅角(deg) = % g',coe(5)/deg)
fprintf('\n 起始点真近点角(deg) = % g',TA1/deg)
fprintf('\n 结束点真近点角(deg) = % g',TA2/deg)
fprintf('\n 半长轴(km) = % g',coe(7))
fprintf('\n 近地点距离(km) = % g',coe(1)^2/mu/(1+coe(2)))
% +++++++++输出椭圆轨道周期+++++++++++
if coe(2) < 1
    T = 2 * pi/sqrt(mu) * coe(7)^1.5;
    fprintf('\n 周期(s) = % g',T)
else
    fprintf('\n 非椭圆轨道\n')
end
```

求解结果：

```
fprintf('\n------------------------------\n')

% +++++++++++++++++++++++++++++++++++++++
```

例 3.3：兰伯特问题

输入数据：

引力参数（km^3/s^2）=398600

$r1(km)=\begin{bmatrix} 5000 & 10000 & 2100 \end{bmatrix}$

$r2(km)=\begin{bmatrix} -14600 & 2500 & 7000 \end{bmatrix}$

经历时间（s）=3600

结果：

$v1(km/s)=\begin{bmatrix} -5.99249 & 1.92536 & 3.24564 \end{bmatrix}$

$v2(km/s)=\begin{bmatrix} -3.31246 & -4.19662 & -0.385288 \end{bmatrix}$

轨道根数：

角动量（km^2/s）=80466.8

偏心率=0.433488

升交点赤经（deg）=44.6002

轨道倾角（deg）=30.191

近地点幅角（deg）=30.7062

起始点真近点角（deg）=350.83

结束点真近点角（deg）=91.1223

半长轴（km）=20002.9

近地点距离（km）=11331.9

周期（s）=28154.7

```
------------------------------
```

算法 3.10　由世界时计算儒略日

【算法描述】

我们将世界时 0 时刻的儒略日记作 J_0，其他任意世界时的儒略日为 $JD = J_0 + \dfrac{UT}{24}$。

查阅相关文献可得通常年（y）、月（m）和日（d）与 J_0 之间的算法，其中最简单的一个为 Boulet（1991）提出的：

$$J_0 = 367y - INT\left\{ \frac{7\left[y + INT\left(\dfrac{m+9}{12} \right) \right]}{4} \right\} + INT\left(\frac{275m}{9} \right) + d + 1721013.5$$

式中，y,m,d——位于下列范围内的整数：

$$1901 \leqslant y \leqslant 2099$$

$$1 \leqslant m \leqslant 12$$

$$1 \leqslant d \leqslant 31$$

$INT(x)$——只保留 x 的整数部分（即向零取整），如 $INT(-3.9) = -3$，$INT(3.9) = 3$。

【MATLAB 程序实现】

```
% Function file J0. m
% ~ ~ ~ ~ ~ ~ ~ ~ ~ ~ ~ ~ ~ ~ ~ ~ ~ ~ ~ ~ ~ ~ ~ ~

function j0 = J0( year,month,day)
% ~ ~ ~ ~ ~ ~ ~ ~ ~ ~ ~ ~ ~ ~ ~ ~ ~ ~ ~ ~

% 此函数使用公式
```

$$J_0 = 367y - INT\left\{\frac{7\left[y + INT\left(\dfrac{m+9}{12}\right)\right]}{4}\right\} + INT\left(\frac{275m}{9}\right) + d + 1721013.5$$

```
计算 1900 年至 2100 年之间任何年份在 0 UT 的儒略日天数
% j0 - 世界标准时间 0 时的儒略日( Universal Time)
% year - 跨度:1901 -2099
% month - 跨度:1 -12
% day - 跨度:1 -31
% 用户功能要求:无
% - - - - - - - - - - - - - - - - - - - - - - - - - - - - - - - -
j0 = 367 * year - fix(7 * ( year + fix(( month +9)/12))/4) + fix(275 * month/9) + day +1721013.5;
% ~ ~ ~ ~ ~ ~ ~ ~ ~ ~ ~ ~ ~ ~ ~ ~ ~ ~ ~ ~ ~ ~ ~ ~
```

算法 3.11　计算当地恒星时

已知某地的日期、当地时间和东经经度，计算出当地恒星时。

【算法描述】

第 1 步，使用年、月、日，由式 $J_0 = 367y - INT\left\{\dfrac{7\left[y + INT\left(\dfrac{m+9}{12}\right)\right]}{4}\right\} + INT\left(\dfrac{275m}{9}\right) + d + 1721013.5$ 计算 J_0。

第 2 步，由式 $T_0 = \dfrac{J_0 - 2451545}{36525}$ 计算 T_0。

第 3 步，由式 $\theta_{G_0} = 100.4606184 + 36000.77004T_0 + 0.000387933T_0^2 - 2.583(10^{-8})T_0^3$ 计算 θ_{G_0}。若 θ_{G_0} 位于 $[0°,360°]$ 范围之外，则适当加减 $360°$ 的整数倍，使得 θ_{G_0} 位于 $[0°,360°]$ 范围之内。

第 4 步，由式 $\theta_G = \theta_{G_0} + 360.98564724 \dfrac{UT}{24}$ 计算 θ_G。

第 5 步，由式 $\theta = \theta_G + \Lambda$ 计算当地恒星时，并将结果调整在 $[0°, 360°]$ 范围之内。

【MATLAB 程序实现】

```
% Function? le LST. m
%--------------------------------------------
function lst = LST( y, m, d, ut, EL)
%--------------------------------------------
% 此函数用以计算当地恒星时
% lst – 当地恒星时 (°)
% y – 年
% m – 月
% d – 日
% ut – 世界时 (hours)
% EL – 东经 (degrees)
% j0 – 世界时零时的儒略日数
% j – J2000 之后的儒略世纪数
% g0 – 世界时零时的格林尼治恒星时
% gst – 任意世界时时刻的格林尼治恒星时
% 用户函数: J0
%---------------------------
j0 = J0( y, m, d);
j = ( j0 - 2451545)/36525;
g0 = 100. 4606184 + 36000. 77004 * j + 0. 000387933 * j^2 - 2. 583e - 8 * j^3;
%... 适当的减小 g0, 使之位于 0 ~ 360 之间:
g0 = zeroTo360( g0);
gst = g0 + 360. 98564724 * ut/24;
lst = gst + EL;
%... 适当减小 lst, 使之位于 0 ~ 360 之间:
lst = lst - 360 * fix( lst/360);
return
% 子函数:
function y = zeroTo360( x)
% 此子函数将角度缩小到预期范围 0 ~ 360
% ...
% x – 要被缩小的角度
```

```
%  y - 缩小后得到的值
% - - - - - - - - - - - - - - - - - - - - - - - -
if ( x >= 360 )
        x = x - fix ( x/360 ) * 360 ;
elseif ( x < 0 )
        x = x - ( fix ( x/360 ) - 1 ) * 360 ;
end
y = x ;
return
```

算法 3.12　具有迭代改进的初轨高斯定轨法

【算法描述】

初始轨道确定的高斯方法。已知时刻 t_1、t_2 和 t_3 处的方向余弦 $\hat{\boldsymbol{\rho}}_1$、$\hat{\boldsymbol{\rho}}_2$ 和 $\hat{\boldsymbol{\rho}}_3$ 及观测者的位置矢量 $\boldsymbol{R}_1$、$\boldsymbol{R}_2$ 和 $\boldsymbol{R}_3$，求解过程如下：

第 1 步，由式 $\tau_1 = t_1 - t_2$，$\tau_3 = t_3 - t_2$ 和 $\tau = \tau_3 - \tau_1$ 计算出时间间隔 τ_1、τ_2 和 τ_3。

第 2 步，计算叉乘 $p_1 = \hat{\boldsymbol{\rho}}_2 \times \hat{\boldsymbol{\rho}}_3$，$p_2 = \hat{\boldsymbol{\rho}}_1 \times \hat{\boldsymbol{\rho}}_3$ 和 $p_3 = \hat{\boldsymbol{\rho}}_1 \times \hat{\boldsymbol{\rho}}_2$。

第 3 步，计算 $D_0 = \hat{\boldsymbol{\rho}}_1 \times \boldsymbol{p}_1$（式 $D_0 = \hat{\boldsymbol{\rho}}_1 \cdot (\hat{\boldsymbol{\rho}}_2 \times \hat{\boldsymbol{\rho}}_3)$）。

第 4 步，由式 $D_{11} = \boldsymbol{R}_1 \cdot (\hat{\boldsymbol{\rho}}_2 \times \hat{\boldsymbol{\rho}}_3)$，$D_{21} = \boldsymbol{R}_2 \cdot (\hat{\boldsymbol{\rho}}_2 \times \hat{\boldsymbol{\rho}}_3)$，$D_{31} = \boldsymbol{R}_3 \cdot (\hat{\boldsymbol{\rho}}_2 \times \hat{\boldsymbol{\rho}}_3)$ 计算出 9 个标量：

$$D_{11} = R_1 \cdot p_1, D_{12} = R_1 \cdot p_2, D_{13} = R_1 \cdot p_3$$

$$D_{21} = R_2 \cdot p_1, D_{22} = R_2 \cdot p_2, D_{23} = R_2 \cdot p_3$$

$$D_{31} = R_3 \cdot p_1, D_{32} = R_3 \cdot p_2, D_{33} = R_3 \cdot p_3$$

第 5 步，由式 $A = \dfrac{1}{D_0}\left(-D_{12}\dfrac{\tau_3}{\tau} + D_{22} + D_{32}\dfrac{\tau_1}{\tau} \right)$ 和 $B = \dfrac{1}{6D_0}\left(D_{12}(\tau_3^2 - \tau^2)\dfrac{\tau_3}{\tau} + D_{32}(\tau^2 - \tau_1^2)\dfrac{\tau_1}{\tau} \right)$ 计算出 A 和 B。

第 6 步，由式 $E = \boldsymbol{R}_2 \cdot \hat{\boldsymbol{\rho}}_2$ 和 $R_2^2 = \boldsymbol{R}_2 \cdot \boldsymbol{R}_2$ 计算 E 和 R_2^2。

第 7 步，由式 $a = -(A^2 + 2AE + R_2^2)$，$b = -2\mu B(A + E)$，$c = -\mu^2 B^2$ 计算出 a、b、c。

第 8 步，求出式 $x^8 + ax^6 + bx^3 + c = 0$ 的根并选择最合理的一个作为 r_2。可以运用牛顿迭代法，式 $x_{i+1} = x_i - \dfrac{f(x_i)}{f'(x_i)}$ 此时应为

$$x_{i+1} = x_i - \frac{x_i^8 + ax_i^6 + bx_i^3 + c}{8x_i^7 + 6ax_i^5 + 3bx_i^2}$$

我们需先绘制出函数 $F = x^8 + ax^6 + bx^3 + c (x > 0)$ 的图，然后选择一个 x 值，在此 x 附近 F 的符号将发生改变。若方程存在不止一个合理的根，则每一个都要使用，所得到的轨道要

根据已知轨道的性质来加以判断。另外，也可以用附加的观测结果来对其进行分析。

第 9 步，由式 $\rho_1 = \dfrac{1}{D_0}\left[\dfrac{6\left(D_{31}\dfrac{\tau_1}{\tau_3} + D_{21}\dfrac{\tau}{\tau_3}\right)r_2^3 + \mu D_{31}(\tau^2 - \tau_1^2)\dfrac{\tau_1}{\tau_3}}{6r_2^3 + \mu(\tau^2 - \tau_3^2)} - D_{11}\right]$，$\rho_2 = A + \dfrac{\mu B}{r_2^3}$ 和式 $\rho_3 =$

$\dfrac{1}{D_0}\left[\dfrac{6\left(D_{13}\dfrac{\tau_3}{\tau_1} - D_{23}\dfrac{\tau}{\tau_1}\right)r_2^3 + \mu D_{13}(\tau^2 - \tau_3^2)\dfrac{\tau_3}{\tau_1}}{6r_2^3 + \mu(\tau^2 - \tau_1^2)} - D_{33}\right]$ 计算出 ρ_1、ρ_2 和 ρ_3。

第 10 步，由式 $\boldsymbol{r}_1 = \boldsymbol{R}_1 + \rho_1\hat{\boldsymbol{\rho}}_1$，$\boldsymbol{r}_2 = \boldsymbol{R}_2 + \rho_2\hat{\boldsymbol{\rho}}_2$，$\boldsymbol{r}_3 = \boldsymbol{R}_3 + \rho_3\hat{\boldsymbol{\rho}}_3$ 计算出 $\boldsymbol{r}_1$、$\boldsymbol{r}_2$ 和 $\boldsymbol{r}_3$。

第 11 步，由式 $f_1 \approx 1 - \dfrac{1}{2}\dfrac{\mu}{r_2^3}\tau_1^2, f_3 \approx 1 - \dfrac{1}{2}\dfrac{\mu}{r_2^3}\tau_3^2, g_1 \approx \tau_1 - \dfrac{1}{6}\dfrac{\mu}{r_2^3}\tau_1^3, g_3 \approx \tau_3 - \dfrac{1}{6}\dfrac{\mu}{r_2^3}\tau_3^3$ 计算拉

格朗日系数 f_1、g_1、f_3 和 g_3。

第 12 步，由式 $\boldsymbol{v}_2 = \dfrac{1}{f_1 g_3 - f_3 g_1}(-f_3\boldsymbol{r}_1 + f_1\boldsymbol{r}_3)$ 计算 $\boldsymbol{v}_2$。

第 13 步，由第 10 步和第 12 步所得的 $\boldsymbol{r}_2$ 和 $\boldsymbol{v}_2$ 根据算法 3.6 求出轨道参数；或者，继续下述算法，以提高初轨确定的准确性。

上述 13 步中得出的 $\boldsymbol{r}_2$ 和 $\boldsymbol{v}_2$，利用全局公式计算出 f 和 g 的精确值。步骤如下：

第 1 步，计算 $\boldsymbol{r}_2$ 和 $\boldsymbol{v}_2$ 的模值 $r_2 = \sqrt{\boldsymbol{r}_2 \cdot \boldsymbol{r}_2}$ 和 $v_2 = \sqrt{\boldsymbol{v}_2 \cdot \boldsymbol{v}_2}$。

第 2 步，计算长半轴的倒数 $\alpha = 2/r_2 - v_2^2/\mu$。

第 3 步，计算 $\boldsymbol{v}_2$ 的径向分量 $v_{r2} = \boldsymbol{v}_2 \cdot \boldsymbol{r}_2/r_2$。

第 4 步，由算法 3.3 分别从全局开普勒方程

$$\sqrt{\mu}\,\Delta t = \dfrac{r_0 v_{r0}}{\sqrt{\mu}}\chi^2 C(\alpha\chi^2) + (1 - \alpha r_0)\chi^3 S(\alpha\chi^3) + r_2\chi$$

解出 t_1 和 t_3 时刻的全局变量 χ_1 和 χ_3：

$$\sqrt{\mu}\,\tau_1 = \dfrac{r_2 v_{r2}}{\sqrt{\mu}}\chi_1^2 C(\alpha\chi_1^2) + (1 - \alpha r_2)\chi_1^3 S(\alpha\chi_1^2) + r_2\chi_1$$

$$\sqrt{\mu}\,\tau_3 = \dfrac{r_2 v_{r2}}{\sqrt{\mu}}\chi_3^2 C(\alpha\chi_3^2) + (1 - \alpha r_2)\chi_3^3 S(\alpha\chi_3^2) + r_2\chi_3$$

第 5 步，由 χ_1 和 χ_3，计算 f_1、g_1、f_3 和 g_3。

$$f_1 = 1 - \dfrac{\chi_1^2}{r_2}C(\alpha\chi_1^2), g_1 = \tau_1 - \dfrac{1}{\sqrt{\mu}}\chi_1^3 S(\alpha\chi_1^2)$$

$$f_3 = 1 - \dfrac{\chi_3^2}{r_2}C(\alpha\chi_3^2), g_3 = \tau_3 - \dfrac{1}{\sqrt{\mu}}\chi_3^3 S(\alpha\chi_3^2)$$

第 6 步，由 f_1、g_1、f_3 和 g_3，从式 $c_1 = \dfrac{g_3}{f_1 g_3 - f_3 g_1}$ 和式 $c_3 = -\dfrac{g_1}{f_1 g_3 - f_3 g_1}$ 中计算 c_1 和 c_3。

第 7 步，利用 c_1 和 c_3，由式

$$\rho_1 = \frac{1}{D_0}\left(-D_{11} + \frac{1}{c_1}D_{21} - \frac{c_3}{c_1}D_{31} \right)$$

式中，

$$D_{11} = \boldsymbol{R}_1 \cdot (\hat{\boldsymbol{\rho}}_2 \times \hat{\boldsymbol{\rho}}_3), D_{21} = \boldsymbol{R}_2 \cdot (\hat{\boldsymbol{\rho}}_2 \times \hat{\boldsymbol{\rho}}_3), D_{31} = \boldsymbol{R}_3 \cdot (\hat{\boldsymbol{\rho}}_2 \times \hat{\boldsymbol{\rho}}_3)$$

$$\rho_2 = \frac{1}{D_0}(-c_1 D_{12} + D_{22} - c_3 D_{32})$$

式中，

$$D_{12} = \boldsymbol{R}_1 \cdot (\hat{\boldsymbol{\rho}}_1 \times \hat{\boldsymbol{\rho}}_3), D_{22} = \boldsymbol{R}_2 \cdot (\hat{\boldsymbol{\rho}}_1 \times \hat{\boldsymbol{\rho}}_3), D_{32} = \boldsymbol{R}_3 \cdot (\hat{\boldsymbol{\rho}}_1 \times \hat{\boldsymbol{\rho}}_3)$$

$$\rho_3 = \frac{1}{D_0}\left(-\frac{c_1}{c_3}D_{13} + \frac{1}{c_3}D_{23} - D_{33} \right)$$

式中，

$$D_{13} = \boldsymbol{R}_1 \cdot (\hat{\boldsymbol{\rho}}_1 \times \hat{\boldsymbol{\rho}}_2), D_{23} = \boldsymbol{R}_2 \cdot (\hat{\boldsymbol{\rho}}_1 \times \hat{\boldsymbol{\rho}}_2), D_{33} = \boldsymbol{R}_3 \cdot (\hat{\boldsymbol{\rho}}_1 \times \hat{\boldsymbol{\rho}}_2)$$

计算新的 ρ_1、ρ_2 和 ρ_3 的值。

第 8 步，由式 $\boldsymbol{r}_1 = \boldsymbol{R}_1 + \rho_1\hat{\boldsymbol{\rho}}_1$，$\boldsymbol{r}_2 = \boldsymbol{R}_2 + \rho_2\hat{\boldsymbol{\rho}}_2$，$\boldsymbol{r}_3 = \boldsymbol{R}_3 + \rho_3\hat{\boldsymbol{\rho}}_3$ 计算新的 $\boldsymbol{r}_1$、$\boldsymbol{r}_2$ 和 $\boldsymbol{r}_3$。

第 9 步，由式 $\boldsymbol{v}_2 = \frac{1}{f_1 g_3 - f_3 g_1}(-f_3\boldsymbol{r}_1 + f_1\boldsymbol{r}_3)$ 和第 5 步中所得的 f 和 g 值计算新的 $\boldsymbol{v}_2$。

第 10 步，返回第 1 步，重复往下进行，直到达到所需的精度，即 ρ_1、ρ_2 和 ρ_3 的值不再发生变化。

第 11 步，根据算法 3.6，用 r_2 和 v_2 计算轨道根数。

【MATLAB 程序实现】

```
function [ r,v,r_old,v_old ] = gauss(Rho1,Rho2,Rho3,R1,R2,R3,t1,t2,t3)

% 该函数采用高斯迭代法

% 在三个相邻的时间内,轨道天体的矢量仅从角度观测获得

% mu - 引力参数 (km^3/s^2)

% t1,t2,t3 - 观测时间 (s)

% tau,tau1,tau3 - 观测时间间隔 (s)

% R1,R2,R3 - t1,t2,t3 时观测点位置矢量(km)

% Rho1,Rho2,Rho3 - 卫星在 t1,t2,t3 处的方向余弦向量

% p1,p2,p3 - 三个方向余弦向量的叉乘

% Do - Rho1,Rho2,Rho3 向量的混合积

% D - R1,R2,R3 与 p1,p2,p3 的 9 个标量混合积的矩阵

% E - R2 和 Rho2 点乘

% A,B - 公式中有关倾斜角度与地心半径的常数

% a,b,c - 估计的地心半径 x 中 8 阶多项式的系数
```

```
%  x - 八阶多项式的正根

%  rho1,rho2,rho3 - t1,t2,t3 时刻的倾斜范围

%  r1,r2,r3 - t1,t2,t3 时刻的位置矢量(km)

%  r_old,v_old - 用高斯初始轨道确定算法计算估计的状态向量(km,km/s)

%  rho1_old,rho2_old,and rho3_old - 迭代改进开始时,t1、t2、t3 处的倾斜角度范围

%  改进的高斯初始轨道确定算法(km)

%  diff1,diff2,and diff3 - 在每次迭代结束时,新旧倾斜之间的差异大小范围

%  tol - 决定收敛性的误差容忍度

%  n - 经过迭代改进循环的次数

%  nmax - 迭代最大次数

%  ro,vo - 位置矢量和速度矢量的大小(km,km/s)

%  vro - 径向速度分量(km/s)

%  alpha - 半长轴的倒数(1/km)

%  v2 - t2 时刻计算出的速度(km/s)

%  r,v - 改进的高斯初始轨道确定算法的状态向量(km,km/s)

%

%  需用到 M 函数:kepler_U,f_and_g

%  需用到子函数:posroot

%------------------------------------------

global mu


tau1 = t1 - t2;

tau3 = t3 - t2;

%

tau = tau3 - tau1;

%... 方向余弦向量之间的叉乘:

p1 = cross(Rho2,Rho3);

p2 = cross(Rho1,Rho3);

p3 = cross(Rho1,Rho2);

%

Do = dot(Rho1,p1);

%

D = [[dot(R1,p1)   dot(R1,p2)   dot(R1,p3)]

    [dot(R2,p1)   dot(R2,p2)   dot(R2,p3)]

    [dot(R3,p1)   dot(R3,p2)   dot(R3,p3)]];
```

```
%
E = dot(R2,Rho2);
%
A = 1/Do * ( - D(1,2) * tau3/tau + D(2,2) + D(3,2) * tau1/tau);
B = 1/6/Do * (D(1,2) * (tau3^2 - tau^2) * tau3/tau + D(3,2) * (tau^2 - tau1^2) * tau1/tau);
%
a = - (A^2 + 2 * A * E + norm(R2)^2);
b = - 2 * mu * B * (A + E);
c = - (mu * B)^2;
%
Roots = roots([1 0 a 0 0 b 0 0 c]);
%... 求正实根:
x = posroot(Roots);
%
f1 = 1 - 1/2 * mu * tau1^2/x^3;
f3 = 1 - 1/2 * mu * tau3^2/x^3;
%
g1 = tau1 - 1/6 * mu * (tau1/x)^3;
g3 = tau3 - 1/6 * mu * (tau3/x)^3;
%
rho2 = A + mu * B/x^3;
%
rho1  = 1/Do * ((6 * (D(3,1) * tau1/tau3 + D(2,1) * tau/tau3) * x^3...
        + mu * D(3,1) * (tau^2 - tau1^2) * tau1/tau3)...
        /(6 * x^3 + mu * (tau^2 - tau3^2)) - D(1,1));
%
rho3  = 1/Do * ((6 * (D(1,3) * tau3/tau1 - D(2,3) * tau/tau1) * x^3 ...
        + mu * D(1,3) * (tau^2 - tau3^2) * tau3/tau1) ...
        /(6 * x^3 + mu * (tau^2 - tau3^2)) - D(3,3));
%
r1 = R1 + rho1 * Rho1;
r2 = R2 + rho2 * Rho2;
r3 = R3 + rho3 * Rho3;
%
v2 = ( - f3 * r1 + f1 * r3)/(f1 * g3 - f3 * g1);
```

```
%...保存 r2 和 v2：
r_old = r2；
v_old = v2；
%
%...使用改进的高斯初始轨道确定方法来提高初始估计的精度
%...初始化迭代改进循环，设置容错：
rho1_old = rho1；rho2_old = rho2；rho3_old = rho3；
diff1 = 1；diff2 = 1；diff3 = 1；
n = 0；
nmax = 1000；
tol = 1. e - 8；
%...迭代循环：
while((diff1 > tol) && (diff2 > tol) && (diff3 > tol)) ...&(n < nmax)
        n = n + 1；
%...计算通用开普勒方程所需的量：
ro = norm(r2)；
vo = norm(v2)；
vro = dot(v2,r2)/ro；
alpha = 2/ro - vo^2/mu；
%...求解通用开普勒方程时的 tau1 和 tau3：
x1 = kepler_U(tau1,ro,vro,alpha)；
x3 = kepler_U(tau3,ro,vro,alpha)；
%...计算 tau1 和 tau3 时刻的 f 和 g：
[ff1,gg1] = f_and_g(x1,tau1,ro,alpha)；
[ff3,gg3] = f_and_g(x3,tau3,ro,alpha)；
%...在 ta1 和 tau3 时刻更新 f 和 g 函数：
f1 = (f1 + ff1)/2；
f3 = (f3 + ff3)/2；
g1 = (g1 + gg1)/2；
g3 = (g3 + gg3)/2；
%
c1 = g3/(f1 * g3 - f3 * g1)；
c3 = - g1/(f1 * g3 - f3 * g1)；
%
rho1 = 1/Do * ( - D(1,1) + 1/c1 * D(2,1) - c3/c1 * D(3,1))；
```

```
rho2 = 1/Do * ( - c1 * D(1,2) + D(2,2) - c3 * D(3,2) );
rho3 = 1/Do * ( - c1/c3 * D(1,3) + 1/c3 * D(2,3) - D(3,3) );
%
r1 = R1 + rho1 * Rho1;
r2 = R2 + rho2 * Rho2;
r3 = R3 + rho3 * Rho3;
%
v2 = ( - f3 * r1 + f1 * r3)/( f1 * g3 - f3 * g1);
%... 计算以收敛为基础的差异:
diff1 = abs( rho1 - rho1_old);
diff2 = abs( rho2 - rho2_old);
diff3 = abs( rho3 - rho3_old);
%... 更新倾斜范围:
rho1_old = rho1;
rho2_old = rho2;
rho3_old = rho3;
end
%... 结束迭代循环
fprintf ('\n( * * Number of Gauss improvement iterations')
fprintf (' = % g) \n\n', n)
if n > = nmax
fprintf ('\n\n * * Number of iterations exceeds % g \n\n', nmax);
end
%... 返回中心观测的状态向量:
r = r2;
v = v2;
return
% ---------------------------------------
% 子函数:
% ---------------------------------------
function x = posroot( Roots)
% ---------------------------
%
% 这个子函数从 MATLAB 的"根"函数中提取正实根
% 如果有多个正根, 则需要选择要使用的根
```

```
%
% x - 确定的或选定的正根
% Roots - 多项式根的向量
% posroots - 正根向量
%
%----------------------------
%... 构造正实根的向量:
posroots = Roots(find(Roots > 0 & imag(Roots)));
npositive = length(posroots);
%... 如果不存在正根,退出:
if npositive == 0
fprintf('\n\n * * There are no positive roots. \n\n')
return
end
%... 如果有多个正根,将根输出到命令窗口,并提示用户选择要使用的根:
if npositive == 1
    x = posroots;
else
    fprintf('\n\n * * There are two or more positive roots. \n')
    for i = 1 : npositive
        fprintf('\n root # % g = % g', i, posroots(i))
    end
    fprintf('\n\n Make a choice: \n')
    nchoice = 0;
    while nchoice < 1 | | nchoice > npositive
        nchoice = input(' Use root #? ');
    end
  x = posroots(nchoice);
    fprintf('\n We will use% g . \n', x)
end
return
```

算法 3.13 计算给定历元的行星状态向量

表 3.12 给出了各行星的轨道根数及其相对于 J2000 历元(世界时 2000 年 1 月 1 日 12:00)每世纪的变化率。

表 3.12　行星的轨道根数及其世纪变化率

| 行星 | a/AU | e | $i/(°)$ | $\Omega/(°)$ | $\varpi/(°)$ | $L/(°)$ |
	$\dot{a}/(\mathrm{AU}\cdot C_y^{-1})$	$\dot{e}/(1\cdot C_y^{-1})$	$\dot{i}/[('')\cdot C_y^{-1}]$	$\dot{\Omega}/[('')\cdot C_y^{-1}]$	$\dot{\varpi}/[('')\cdot C_y^{-1}]$	$\dot{L}/[('')\cdot C_y^{-1}]$
水星	0.38709893	0.20563069	7.00487	48.33167	77.45645	252.25084
	0.00000066	0.00002527	− 23.51	− 446.3	573.57	538101628.3
金星	0.72333199	0.00677323	3.39471	76.68069	131.53298	181.97973
	0.00000092	− 0.00004938	− 2.86	− 996.89	− 108.8	210664136.1
地球	1.00000011	0.01671022	0.00005	− 11.26064	102.94719	100.46435
	− 0.00000005	− 0.00003804	− 46.94	− 18228.25	1198.28	129597740.6
火星	1.52366231	0.09341233	1.85061	49.57854	336.04684	355.45332
	− 0.00007221	0.00011902	− 25.47	− 1020.19	1560.78	68905103.78
木星	5.20336301	0.04839266	1.3053	100.55615	14.75385	34.40438
	0.00060737	− 0.0001288	− 4.15	1217.17	839.93	10925078.35
土星	9.53707032	0.0541506	2.48446	113.71504	92.43194	49.94432
	− 0.0030153	− 0.00036732	6.11	− 1591.05	− 1948.89	4401052.95
天王星	19.19126393	0.04716771	0.76986	74.22988	170.96424	313.23218
	0.00152025	− 0.0001915	− 2.09	− 1681.4	1312.56	1542547.79
海王星	30.06896348	0.00858587	1.76917	131.72169	44.97135	304.88003
	0.00125196	0.00002514	− 3.64	− 151.25	− 844.43	786449.21

【算法描述】

确定行星在给定日期和时刻处的状态矢量。所涉及的角度计算均应调整在 $0°\sim360°$ 之间。太阳的引力常数为 $\mu = 1.327\times10^{11}\,\mathrm{km^3/s^2}$。

第 1 步，根据式

$$\mathrm{JD} = J_0 + \frac{\mathrm{UT}}{24}\quad J_0 = 367y - \mathrm{INT}\left\{\frac{7\left[y + \mathrm{INT}\left(\dfrac{m+9}{12}\right)\right]}{4}\right\} + \mathrm{INT}\left(\frac{275m}{9}\right) + d + 1721013.5$$

计算出儒略日 JD。

第 2 步，计算 T_0，即从 J2000 至题设所给出的日期之间的儒略世纪。

$$T_0 = \frac{\mathrm{JD} - 2451545}{36525}$$

第 3 步，设 Q 为表 3.12 所列 6 个轨道参数中的任意一个，通过下述方程计算其在 JD 处的值：

$$Q = Q_0 + \dot{Q}T_0$$

其中，Q_0 为 J2000 中所列出的值，$\dot{Q}$ 也是表 3.12 中给出的值，所涉及的角度均需调整至 $0° \sim 360°$ 之间。

第 4 步，根据式 $a = \dfrac{h^2}{\mu} \cdot \dfrac{1}{1-e^2}$，利用长半轴 a 和偏心率 e 计算 JD 时的角动量。

$$h = \sqrt{\mu a (1 - e^2)}$$

第 5 步，运用第 3 步所得结果，通过如下定义求得 JD 时的近日点幅角 ω 和平近点角 M：

$$\omega = \tilde{\omega} - \Omega$$

$$M = L - \tilde{\omega}$$

第 6 步，将 JD 时刻的偏心率 e 和平近点角 M 代入开普勒方程（$M_e = E - e\sin E$），计算出偏近点角 E。

第 7 步，由式 $E = 2\arctan\left(\sqrt{\dfrac{1-e}{1+e}}\tan\dfrac{\theta}{2}\right)$ 计算出真近点角。

第 8 步，通过算法 3.7（用日心黄道坐标系代替地心赤道坐标系），由 h、e、Ω、i、ω 和 θ 计算出行星的日心位置矢量 $\boldsymbol{R}$ 和速度矢量 $\boldsymbol{V}$。

【MATLAB 程序实现】

```
% Function? le planet_elements_and_sv. m

function [coe,r,v,jd] = planet_elements_and_sv(planet_id,year,month,day,hour,minute,second)
%
% 这个函数从日期(年、月、日)和世界时(小时、分、秒)计算行星的轨道根数和状态向量
% mu - 太阳引力参数 (km^3/s^2)
% deg - 角度和弧度之间的转换因子
% pi - 3.1415926...
%
% coe - 日心轨道元素向量
% [h e RA incl w TA a w_hat L M E]
% 其中
% h = 角动量(km^2/s)
% e = 偏心率
% RA = 赤经 (deg)
% incl = 轨道倾角 (deg)
% w = 近地点辐角 (deg)
% TA = 真近点角 (deg)
% a = 半长轴 (km)
```

```
%  w_hat = 近日点经度（= RA + w）（deg）

%  L = 平经（= w_hat + M）（deg）

%  M = 平近点角（deg）

%  E = 偏近点角（deg）

%

%  planet_id - 行星标识:

%  1 = Mercury 水星

%  2 = Venus 金星

%  3 = Earth 地球

%  4 = Mars 火星

%  5 = Jupiter 木星

%  6 = Saturn 土星

%  7 = Uranus 天王星

%  8 = Neptune 海王星

%

%  year - range: 1901 - 2099 年范围

%  month - range: 1 - 12 月范围

%  day - range: 1 - 31 天范围

%  hour - range: 0 - 23 小时范围

%  minute - range: 0 - 60 分钟范围

%  second - range: 0 - 60 秒范围

%

%  j0 - 世界时零时后的儒略日

%  ut - 以一天的小数表示的世界时

%  jd - 儒略日的日期和时间

%

%  J2000_coe - 表 3.12 J2000 轨道元素行向量

%  rates - 表 3.12 中儒略世纪变化率行向量

%  t0 - J2000 和 jd 之间的儒略世纪数

%  elements - 儒略日的轨道参数

%

%  r - 以太阳为中心的位置向量

%  v - 以太阳为中心的速度矢量

%

% 用户须知函数: J0, kepler_E, sv_from_coe
```

```
% 用户所需的子函数：planetary_elements,zero_to_360
% ------------------------------------------------
global mu
deg = pi/180;
%...
j0 = J0(year,month,day);
ut = (hour + minute/60 + second/3600)/24;
%...
jd = j0 + ut;
%... 所选行星数据见表 3.12：
[J2000_coe,rates] = planetary_elements(planet_id);
%...
t0 = (jd - 2451545)/36525;
%...
elements = J2000_coe + rates * t0;
a = elements(1); e = elements(2);
%...
h = sqrt(mu * a * (1 - e^2));
%... 将角度减少到 0 - 360 度范围内：
incl = elements(3);
RA = zero_to_360(elements(4));
w_hat = zero_to_360(elements(5));
L = zero_to_360(elements(6));
w = zero_to_360(w_hat - RA);
M = zero_to_360((L - w_hat));
%... 算法 3.1(M 必须以弧度表示)：
E = kepler_E(e,M * deg);
%...(将结果转化为度)：
TA = zero_to_360(2 * atan(sqrt((1+e)/(1-e)) * tan(E/2))/deg);
coe = [h e RA incl w TA a w_hat L M E/deg];
%... 算法 3.7(所有角度必须为弧度)：
[r,v] = sv_from_coe([h e RA * deg incl * deg w * deg TA * deg]);
return
%
% 主程序使用的子函数：
```

```
%
function [J2000_coe,rates] = planetary_elements(planet_id)
%
% 这个函数从表 3.12 中提取了行星的 J2000 轨道根数及其世纪变化率
%
% planet_id – 1 – 8 代表水星 – 海王星
%
% J2000_elements – 8 × 6 矩阵表示 J2000 下八大行星的轨道根数
% 每一行表示:
% a = 半长轴 (AU)
% e = 偏心率
% i = 轨道倾角 (degrees)
% RA = 升交点赤经 (degrees)
% w_hat = 近日点经度 (degrees)
% L = 平经 (degrees)
%
% cent_rates – 8 × 6 矩阵表示 J2000 下每个儒略世纪的轨道根数变化率
% 用 dot 表示时间导数,每一行的列是:
% a_dot(AU/Cy)
% e_dot(1/Cy)
% i_dot(arcseconds/Cy)
% RA_dot(arcseconds/Cy)
% w_hat_dot(arcseconds/Cy)
% Ldot(arcseconds/Cy)
%
% J2000_coe – J2000 轨道根数对应"行星标识"的行向量,au 转换为 km
% rates – 对应于"行星标识"的变化率行向量,au 转换为 km
% 角秒转换为度
%
% au – 天文单位 (km)
%
% 用户 m – function 要求:无
%--------------------------------------------------
J2000_elements = ...
```

$$[0.38709893 \quad 0.20563069 \quad 7.00487 \quad 48.33167 \quad 77.45645 \quad 252.25084$$

0.72333199	0.00677323	3.39471	76.68069	131.53298	181.97973
1.00000011	0.01671022	0.00005	−11.26064	102.94719	100.46435
1.52366231	0.09341233	1.85061	49.57854	336.04084	355.45332
5.20336301	0.04839266	1.30530	100.55615	14.75385	34.40438
9.53707032	0.05415060	2.48446	113.71504	92.43194	49.94432
19.19126393	0.04716771	0.76986	74.22988	170.96424	313.23218
30.06896348	0.00858587	1.76917	131.72169	44.97135	304.88003];

```
cent_rates = ...
```

$$[0.00000066 \quad 0.00002527 \quad -23.51 \quad -446.30 \quad 573.57 \quad 538101628.29$$

0.00000092	−0.00004938	−2.86	−996.89	−108.80	210664136.06
−0.00000005	−0.00003804	−46.94	−18228.25	1198.28	129597740.63
−0.00007221	0.00011902	−25.47	−1020.19	1560.78	68905103.78
0.00060737	−0.00012880	−4.15	1217.17	839.93	10925078.35
−0.00301530	−0.00036762	6.11	−1591.05	−1948.89	4401052.95
0.00152025	−0.00019150	−2.09	−1681.4	1312.56	1542547.79
−0.00125196	0.00002514	−3.64	−151.25	−844.43	786449.21];

```
J2000_coe = J2000_elements(planet_id,:);

rates = cent_rates(planet_id,:);


%... au 转换为 km:
au = 149597871;
J2000_coe(1) = J2000_coe(1)*au;
rates(1) = rates(1)*au;
%... 将角秒转换为度数:
rates(3:6) = rates(3:6)/3600;
return
%
function y = zero_to_360(x)
%
% 将角度缩小到 0-360 度范围内。
%
```

```
% x – 原始角度
% y – 0 – 360 度范围内的角度
%
% 用户 m – function 要求:无
%------------------------------------------------
if x >= 360
    x = x – fix(x/360) * 360;
elseif x < 0
    x = x – (fix(x/360) – 1) * 360;
end
y = x;
return
```

例 3.4 利用算法 3.13,计算在世界时 2003 年 8 月 27 日 12:00 点,地球与火星间的距离。

代码如下:

```
%------------------------------------------------
%
% 这个程序用于解算某日期(年、月、日)和时间的地球轨道根数和状态向量
%
% mu – 太阳引力参数 (km^3/s^2)
% deg – 角度和弧度之间的转换因子
% pi – 3.1415926…
%
% coe – 日心轨道元素向量
% [h e RA incl w TA a w_hat L M E]
% 其中
% h = 角动量(km^2/s)
% e = 偏心率
% RA = 赤经 (deg)
% incl = 轨道倾角 (deg)
% w = 近地点辐角 (deg)
% TA = 真近点角 (deg)
% a = 半长轴 (km)
```

```
%  w_hat = 近日点经度 ( = RA + w) (deg)

%  L = 平经 ( = w_hat + M) (deg)

%  M = 平近点角 (deg)

%  E = 偏近点角 (deg)

%

%  r – 以太阳为中心的位置向量

%  v – 以太阳为中心的速度矢量

%

%  planet_id – 行星标识:

%  1 = Mercury 水星

%  2 = Venus 金星

%  3 = Earth 地球

%  4 = Mars 火星

%  5 = Jupiter 木星

%  6 = Saturn 土星

%  7 = Uranus 天王星

%  8 = Neptune 海王星

%

%  year – range: 1901 – 2099 年范围

%  month – range: 1 – 12 月范围

%  day – range: 1 – 31 天范围

%  hour – range: 0 – 23 小时范围

%  minute – range: 0 – 60 分钟范围

%  second – range: 0 – 60 秒范围

%

%  函数要求:planet_elements_and_sv,month_planet_names

%------------------------------------------

global mu

mu = 1.327124e11;

deg = pi/180;

%... 输入数据:

planet_id = 3;

year = 2003;

month = 8;

day = 27;
```

```
hour = 12;

minute = 0;

second = 0;

%

%... 算法 3.13

[coe,r,v,jd] = planet_elements_and_sv(planet_id,year,month,day,hour,minute,second);

%... 把行星标识和月份转变为输出名称：

[month_name,planet_name] = month_planet_names(month,planet_id);

%... 在命令窗口回显输入数据并输出相应的解：

fprintf('-----------------------')

fprintf('\n Example 13')

fprintf('\n\n Input data：\n');

fprintf('\n Planet：% s',planet_name)

fprintf('\n Year：% g',year)

fprintf('\n Month：% s',month_name)

fprintf('\n Day：% g',day)

fprintf('\n Hour：% g',hour)

fprintf('\n Minute：% g',minute)

fprintf('\n Second：% g ',second)

fprintf('\n\n Julian day：% 11.3f',jd)

fprintf('\n\n');

fprintf(' Orbital elements：\n')

fprintf('\n Angualr momentum(km^2/s) = % g',coe(1));

fprintf('\n Eccentricity = % g',coe(2));

fprintf('\n Right ascension of the ascending node')

fprintf('(deg) = % g',coe(3))

fprintf('\n Inclination to the ecliptic(deg) = % g',coe(4))

fprintf('\n Argument of perihelion(deg) = % g',coe(5))

fprintf('\n True anomaly(deg) = % g',coe(6))

fprintf('\n Semimajor axis(km) = % g',coe(7))

fprintf('\n');

fprintf('\n Longitude of perihelion(deg) = % g',coe(8));

fprintf('\n Mean longitude(deg) = % g',coe(9));

fprintf('\n Mean anomaly(deg) = % g',coe(10));

fprintf('\n Eccentric anomaly(deg) = % g',coe(11));

fprintf('\n\n');
```

```
fprintf ('State vector:') ;
fprintf ('\n') ;
fprintf ('\n Position vector(km) = [% g % g % g]',r(1),r(2),r(3))
fprintf ('\n\n Magnitude: % g\n',norm(r) )
fprintf ('\n Velocity (km/s) = [% g % g % g]',v(1),v(2),v(3))
fprintf ('\n\n Magnitude: % g\n',norm(v) )
fprintf ('\n -------------------\n')
% --------------------------
```

求解结果：

```
--------------------

Example 13


Input data:


Planet: Earth
Year: 2003
Month: August
Day: 27
Hour: 12
Minute: 0
Second: 0


Julian day: 2452879.000


Orbital elements:


Angualr momentum(km^2/s) = 4.4551e+09
Eccentricity = 0.0167088
Right ascension of the ascending node(deg) = 348.554
Inclination to the ecliptic(deg) = -0.000426218
Argument of perihelion(deg) = 114.405
True anomaly(deg) = 230.812
Semimajor axis(km) = 1.49598e+08


Longitude of perihelion(deg) = 102.959
```

Mean longitude(deg) = 335. 267

Mean anomaly(deg) = 232. 308

Eccentric anomaly(deg) = 231. 558

State vector：

Position vector(km) = [1. 35589e + 08　　 − 6. 68029e + 07　286. 909]

Magnitude：1. 51152e + 08

Velocity(km/s) = [12. 6804　26. 61　 − 0. 000212731]

Magnitude：29. 4769

_____

算法 3.14　计算航天器由行星 1 到行星 2 的轨迹

【算法描述】

在航天器由行星 1 到行星 2 的太空任务中，已知出发日期和到达日期（即飞行时间已知），确定出转移轨道。步骤如下：

第 1 步，利用算法 3.13 计算航天器出发时行星 1 的状态矢量 $\boldsymbol{R}_1$、$\boldsymbol{V}_1$ 和到达时行星 2 的状态矢量 $\boldsymbol{R}_2$、$\boldsymbol{V}_2$。

第 2 步，根据算法 3.9，利用 $\boldsymbol{R}_1$、$\boldsymbol{R}_2$ 及飞行时间，计算航天器离开行星 1 影响球时的速度 $\boldsymbol{V}_D^{(v)}$ 以及到达行星 2 影响球时的速度 $\boldsymbol{V}_A^{(v)}$。

第 3 步，根据下式：

$$\boldsymbol{v}_\infty)_{\text{出发}} = \boldsymbol{V}_D^{(v)} - \boldsymbol{V}_1$$

$$v_\infty)_{\text{出发}} = \|\boldsymbol{V}_D^{(v)} - \boldsymbol{V}_1\|$$

$$\boldsymbol{v}_\infty)_{\text{到达}} = \boldsymbol{V}_A^{(v)} - \boldsymbol{V}_2$$

$$v_\infty)_{\text{到达}} = \|\boldsymbol{V}_A^{(v)} - \boldsymbol{V}_2\|$$

计算出发时与到达时的双曲线剩余速度。

【MATLAB 程序实现】

```
% Function？ le interplanetary. m
%──────────────────────────────────────────────────────
function [ planet1 ,planet2 ,trajectory ] = interplanetary( depart ,arrive)
```

```
%
% 该函数利用算法 3.14 确定了从行星 1 影响范围到行星 2 影响范围的航天器轨道
%
% mu - 太阳引力参数（km^3/s^2）
% dum - 本程序不需要的虚拟向量
%
% planet_id - 行星标识：
% 1 = Mercury 水星
% 2 = Venus 金星
% 3 = Earth 地球
% 4 = Mars 火星
% 5 = Jupiter 木星
% 6 = Saturn 土星
% 7 = Uranus 天王星
% 8 = Neptune 海王星
% year - range：1901 - 2099 年范围
% month - range：1 - 12 月范围
% day - range：1 - 31 天范围
% hour - range：0 - 23 小时范围
% minute - range：0 - 60 分钟范围
% second - range：0 - 60 秒范围
%
% jd1，jd2 - 发射和抵达的儒略日
% tof - 从行星 1 到行星 2 的飞行时间（s）
%
% Rp1，Vp1 - 行星 1 离开时的状态向量（km，km/s）
% Rp2，Vp2 - 行星 2 到达时的状态向量（km，km/s）
% R1，V1 - 航天器出发时的日心状态矢量（km，km/s）
% R2，V2 - 航天器到达时的日心状态矢量（km，km/s）
%
% depart - 发生时 [planet_id，year，month，day，hour，minute，second]
% arrive - 到达时 [planet_id，year，month，day，hour，minute，second]
% planet1 - [Rp1，Vp1，jd1]
% planet2 - [Rp2，Vp2，jd2]
% trajectory - [V1，V2]
```

```
%
% 使用程序需要函数：planet_elements_and_sv,lambert
%----------------------------------------
global mu
planet_id = depart(1);
year = depart(2);
month = depart(3);
day = depart(4);
hour = depart(5);
minute = depart(6);
second = depart(7);
%... 用算法 3.14 得到行星 1 的状态向量(不需要轨道元素["dum"])：
[dum,Rp1,Vp1,jd1] = planet_elements_and_sv(planet_id,year,month,day,hour,minute,second);
planet_id = arrive(1);
year = arrive(2);
month = arrive(3);
day = arrive(4);
hour = arrive(5);
minute = arrive(6);
second = arrive(7);
%... 同样,使用算法 3.14 获得行星 2 的状态向量：
[dum,Rp2,Vp2,jd2] = planet_elements_and_sv(planet_id,year,month,day,hour,minute,second);
tof = (jd2 - jd1) * 24 * 3600;
%
R1 = Rp1;
R2 = Rp2;
%... 使用算法 3.9 求出航天器在出发和到达时的速度,假设有一个前进的轨迹：
[V1,V2] = lambert(R1,R2,tof,'pro');
planet1 = [Rp1,Vp1,jd1];
planet2 = [Rp2,Vp2,jd2];
trajectory = [V1,V2];
%
```

例 3.5　航天器于 1996 年 11 月 7 日（世界时 0：00 点）沿顺行轨道离开地球影响球向火星行进，1997 年 9 月 12 日（世界时 0：00 点）到达火星影响球。利用算法 3.14 确定其轨道，并计算出发时与到达时的双曲线剩余速度。

程序如下：

```
% Example_14
%
% 这个程序使用算法 3.14 来解决例 3.5
% mu - 太阳引力参数（km^3/s^2）
% deg - 角度和弧度之间的转换因子
% pi - 3.1415926…
% planet_id - 行星标识：
% 1 = Mercury 水星
% 2 = Venus 金星
% 3 = Earth 地球
% 4 = Mars 火星
% 5 = Jupiter 木星
% 6 = Saturn 土星
% 7 = Uranus 天王星
% 8 = Neptune 海王星
% year - range：1901 - 2099 年范围
% month - range：1 - 12 月范围
% day - range：1 - 31 天范围
% hour - range：0 - 23 小时范围
% minute - range：0 - 60 分钟范围
% second - range：0 - 60 秒范围
%
% depart - 发射时 [ planet_id,year,month,day,hour,minute,second ]
% arrive - 到达时 [ planet_id,year,month,day,hour,minute,second ]
% planet1 - [ Rp1,Vp1,jd1 ]
% planet2 - [ Rp2,Vp2,jd2 ]
% trajectory - [ V1,V2 ]
%
% coe - 轨道根数 [ h e RA incl w TA ]
% 其中
% h = 角动量(km^2/s)
% e = 偏心率
% RA = 升交点赤经
% incl = 轨道倾角
```

```
% w = 近地点幅角
% TA = 真近点角
% a = 半长轴
%
% jd1,jd2 - 发射和抵达的儒略日
% tof - 从行星 1 到行星 2 的飞行时间（s）
%
% Rp1,Vp1 - 行星 1 离开时的状态向量（km,km/s）
% Rp2,Vp2 - 行星 2 到达时的状态向量（km,km/s）
% R1,V1 - 航天器出发时的日心状态矢量（km,km/s）
% R2,V2 - 航天器到达时的日心状态矢量（km,km/s）
%
% vinf1,vinf2 - 出发时和到达时的双曲线剩余速度
%
% 使用程序需要函数：interplanetary,coe_from_sv,month_planet_names
%--------------------------------------------------
clear
global mu
mu = 1.327124e11;
deg = pi/180;
%... 来自行星 1 的数据：
planet_id = 3;
year = 1996;
month = 11;
day = 7;
hour = 0;
minute = 0;
second = 0;
%
depart = [planet_id,year,month,day,hour,minute,second];
% 来自行星 2 的数据：
planet_id = 4;
year = 1997;
month = 9;
day = 12;
hour = 0;
```

```
minute = 0;

second = 0;

%...

arrive = [ planet_id year month day hour minute second ];

[ planet1,planet2,trajectory ] = interplanetary( depart,arrive );

R1 = planet1( 1,1:3 );

Vp1 = planet1( 1,4:6 );

jd1 = planet1( 1,7 );

R2 = planet2( 1,1:3 );

Vp2 = planet1( 1,4:6 );

jd2 = planet1( 1,7 );

V1 = trajectory( 1,1:3 );

V2 = trajectory( 1,4:6 );

tof = jd2 - jd1;

%... 利用算法3.6基于[Rp1,V1]求出航天器轨道的轨道元素…

coe = coe_from_sv( R1,V1 );

%... and [ R2,V2 ]

coe2 = coe_from_sv( R2,V2 );

%...

vinf1 = V1 - Vp1;

vinf2 = V2 - Vp2;

%... 回显输入数据并将结果输出到命令窗口

fprintf( '\n Example 14\n' )

fprintf( '\n Departure:\n' );

[ month_name,planet_name ] = month_planet_names( depart(3),depart(1) );

fprintf( '\n Planet:% s',planet_name )

fprintf( '\n Year:% g',depart(2) )

fprintf( '\n Month:% s',month_name )

fprintf( '\n Day:% g',depart(4) )

fprintf( '\n Hour:% g',depart(5) )

fprintf( '\n Minute:% g',depart(6) )

fprintf( '\n Second:% g',depart(7) )

fprintf( '\n\n Julian day:% 11.3f\n',jd1 )

fprintf( '\n Planet position vector( km ) = [% g % g % g]',R1(1),R1(2),R1(3) )

fprintf( '\n Magnitude:% g\n',norm( R1 ) )

fprintf( '\n Planet velocity ( km/s ) = [% g % g % g]',Vp1(1),Vp1(2),Vp1(3) )
```

```
fprintf('\n Magnitude: % g\n',norm(Vp1))
fprintf('\n Spacecraft velocity (km/s) = [% g % g % g]',V1(1),V1(2),V1(3))
fprintf('\n Magnitude: % g\n',norm(V1))
fprintf('\n v - infinity at departure (km/s) = [% g % g % g]',vinf1(1),vinf1(2),vinf1(3))
fprintf('\n Magnitude: % g\n',norm(vinf1))
fprintf('\n Time of flight = % g days\n',tof)
fprintf('\n Arrival:\n');
[month_name,planet_name] = month_planet_names(arrive(3),arrive(1));
fprintf('\n Planet: % s',planet_name)
fprintf('\n Year: % g',arrive(2))
fprintf('\n Month: % s',month_name)
fprintf('\n Day: % g',arrive(4))
fprintf('\n Hour: % g',arrive (5))
fprintf('\n Minute: % g',arrive (6))
fprintf('\n Second: % g',arrive (7))
fprintf('\n\n Julian day: % 11.3f\n',jd2)
fprintf('\n Planet position vector(km) = [% g % g % g]',R2(1),R2(2),R2(3))
fprintf('\n Magnitude: % g\n',norm(R1))
fprintf('\n Planet velocity (km/s) = [% g % g % g]',Vp2(1),Vp2(2),Vp2(3))
fprintf('\n Magnitude: % g\n',norm(Vp2))
fprintf('\n Spacecraft velocity (km/s) = [% g % g % g]',V2(1),V2(2),V2(3))
fprintf('\n Magnitude: % g\n',norm(V2))
fprintf('\n v - infinity at departure (km/s) = [% g % g % g]',vinf2(1),vinf2(2),vinf2(3))
fprintf('\n Magnitude: % g\n',norm(vinf2))
fprintf('\n Orbital elements of flight trajectory: \n')
fprintf('\n Angualr momentum(km^2/s) = % g',coe(1))
fprintf('\n Eccentricity = % g',coe(2))
fprintf('\n Right ascension of the ascending node')
fprintf('(deg) = % g',coe(3)/deg)
fprintf('\n Inclination to the ecliptic(deg) = % g',coe(4)/deg)
fprintf('\n Argument of perihelion(deg) = % g',coe(5)/deg)
fprintf('\n True anomaly at departure(deg) = % g',coe(6)/deg)
fprintf('\n True anomaly at arrival(deg) = % g',coe2(6)/deg)
fprintf('\n Semimajor axis(km) = % g',coe(7))
if coe(2) < 1
fprintf('\n Period(days) = % g',2 * pi/sqrt(mu) * coe(7)^1.5/24/3600)
```

end

求解结果：

Example 14

Departure：

Planet：Earth

Year：1996

Month：November

Day：7

Hour：0

Minute：0

Second：0

Julian day：2450394. 500

Planet position vector(km) = [1. 04994e + 08   1. 04655e + 08   988. 331]

Magnitude：1. 48244e + 08

Planet velocity(km/s) = [-21. 515   20. 9865   0. 000132284]

Magnitude：30. 0554

Spacecraft velocity(km/s) = [-24. 4282   21. 7819   0. 948049]

Magnitude：32. 7427

v - infinity at departure(km/s) = [-2. 91321   0. 79542   0. 947917]

Magnitude：3. 16513

Time of flight = 0 days

Arrival：

Planet：Mars

Year：1997

Month：September

Day：12

Hour：0

Minute：0

Second：0

Julian day：2450394. 500

Planet position vector(km) = [-2. 08329e + 07   -2. 18404e + 08   -4. 06287e + 06]

Magnitude：1. 48244e + 08

Planet velocity(km/s) = [-21. 515   20. 9865   0. 000132284]

Magnitude：30. 0554

Spacecraft velocity(km/s) = [22. 1581   -0. 19666   -0. 457847]

Magnitude：22.1637

v − infinity at departure(km/s) = $\begin{bmatrix} 43.6731 & -21.1831 & -0.457979 \end{bmatrix}$

Magnitude：48.5414

Orbital elements of flight trajectory：

Angualr momentum(km^2/s) = 4.84554e + 09

Eccentricity = 0.205785

Right ascension of the ascending node(deg) = 44.8942

Inclination to the ecliptic(deg) = 1.6621

Argument of perihelion(deg) = 19.9738

True anomaly at departure(deg) = 340.039

True anomaly at arrival(deg) = 199.695

Semimajor axis(km) = 1.84742e + 08

Period(days) = 501.254

3.2 Mathematica 编程仿真基础

Mathematica 由美国 Wolfram Research 公司于 1988 年首次推出，是一个功能强大的常用数学软件，不但可以解决数学中的数值计算问题，还可以解决符号演算问题，并且能够方便地绘出各种函数图形，十分适合进行轨道动力学领域的建模和仿真。

1. Mathematica 的基本使用

（1）在工作区（软件打开初始时，左侧的窗口，上方有 untitled − 1*）输入命令，按【Shift + Enter】组合键执行命令。例如，输入"2 + 3"，按【Shift + Enter】组合键执行后，窗口显示如下：

In[1]: = 2 + 3
Out[1] = 5

其中，"In[1]: ="" Out[1] ="为系统自动添加，"In[1]"括号内的数字 1 表示第 1 次输入。如果不想显示此次输入的结果，那么在所输入命令的后面加上一个分号即可。

（2）软件打开初始时，右侧有一个运算符号面板，可以更方便地输入命令，如级数、积分、数学符号等。

（3）除了可以用直接键盘输入的方法进行输入外，还可以用打开的方式从磁盘中调入一个已经存在的文件来进行操作。

2. Mathematica 的基本语法特征

（1）Mathematica 中区分字母的大写、小写，如 Name、name、NAME 是不同的变量名或函数名。

（2）系统所提供的功能大部分以系统函数的形式给出，内部函数一般写全称，而且一定以大写英文字母开头，如 Sin[2]。

（3）乘法既可以用 ∗，也可以用空格表示，如 2 3 = 2 ∗ 3 = 6，x y，2 Sin[x] 等；乘幂可以用"^"表示，如 x^0.5、Tan[x]^y。

（4）自定义变量可以取几乎任意的名称，长度不限，但不能以数字开头。

（5）一旦赋予变量任何一个值，除非明显地改变该值或使用"Clear[变量名]"或"变量名 = ."取消该值，否则它将始终保持原值不变。

（6）四种括号的用法：

- () 圆括号表示运算项的结合顺序，如 (x + (y^x + 1/(2x)))；

- [] 方括号表示函数，如 Log[x]、BesselJ[x,1]；

- {} 大括号表示一个"表"（一组数字、任意表达式、函数等的集合），如 {2x, Sin[12 Pi]、{1 + A,y ∗ x}}；

- [[]] 双方括号表示"表"或"表达式"的下标，如 a[[2,3]]、{1,2,3}[[1]] = 1。

（7）Mathematica 的语句书写十分方便，既可以将一条语句分为多行，也可以在同一行写多条语句（但要以分号间隔）。如果语句以分号结束，则该语句运行后不做输出（输出语句除外），否则将输出计算的结果。

3. Mathematica 中的数据类型和数学常数

Mathematica 提供的简单数据类型有整数、有理数、实数和复数 4 种类型，这些数据在 Mathematica 中有如下要求：

（1）整数描述为 Integer，是可以具有任意长度的精确数。其书写方法与我们通常的表示相同，输入时，构成整数的各数字之间不能有空格、逗号和其他符号，整数的正负号写在该数的首位，正号可以不输入，如 2367189、−932 是正确的整数。

（2）有理数描述为 Rational，是精确数，用化简的分数表示，其中的分子和分母都应该是整数，输入时，分号用"/"代替，即使用"分子/分母"的形式，如 23/45、−41/345 是正确的有理数。

（3）实数描述为 Real，是除了整数和有理数之外的所有实数。与一般高级语言不同，这里数学中的无理数是可以有任意精确度的近似数，如圆周率 π 在 Mathematica 中可以根据需要取任意位有效数字。

（4）复数描述为 Complex，用是否含有虚数单位来区分，它的实部和虚部可以是整数、有理数和实数，如 3 + 4.3I、18.5I 都是正确的复数。

为了便于数学处理和计算更准确，Mathematica 定义了一些数学常数，它们用英文字符串表示，常用的有：

- Pi 表示圆周率 π = 3.14159…。

- E　表示自然数 $e = 2.71828\cdots$。
- Degree　表示几何的角度 1°或 $\pi /180$，如 30Degree 表示 30°。
- I　表示虚数单位 i，$(i)^2 = -1$。
- Infinity　表示数学中的无穷大∞(正无穷)。

注意：数学常数是精确数，可直接用于所输入的公式，作为精确数参与计算和公式推导。

这些常数可以从符号面板选择输入。

4. Mathematica 数的运算符

数的运算有加、减、乘、除和乘方，它们在 Mathematica 中的符号为：加(+)、减(-)、乘(*)、除(/) 和乘方(^)。

不同类型的数参与运算，其结果的类型如下：

- 如果运算数有复数，则计算结果为复数类型。
- 如果运算数没有复数，但有实数，则计算结果为实数类型。
- 如果运算数没有复数和实数，但有分数，则计算结果为有理数类型。
- 如果运算数只有整数，则计算结果或是整数类型（如果计算结果是整数），或是有理数类型（如果计算结果不是整数）。

5. Mathematica 中的精确数与近似数

（1）在 Mathematica 中，近似数是带有小数点的数，精确数是整数、有理数、数学常数以及函数在自变量取整数、有理数、数学常数时的函数值，如 62243、2/3、E、Sin[4] 都是精确数。如果参与运算或求值的数带有小数点，则运算结果通常为带有 6 位有效数字的近似数。例如：

```
In[3]: = 1.2345678020/30

Out[3] = 0.0411523          （结果为近似数）

In[4]: = 2 + Sin[1.0]

Out[4] = 2.84147            （结果为近似数）

In[5]: = 2 + Sin[1]

Out[5] = 2 + Sin[1]         （结果为精确数）
```

（2）如果需要得到精确数的数值结果（除了整数之外），可以用 Mathematica 提供的 N 函数将其转化，N 函数可以得到该精确数的任意精度的近似结果。例如：

```
In[6]: = 2 * E + Sin[Pi/5] // N

    Out[6] = 6.02345           （输入 2 * E + Sin[Pi/5]试试）

    In[7]: = N[ 2 * E + Sin[Pi/5],30 ]

    Out[7] = 6.0243489092105635998892 8089734
```

```
Input = N[Pi,20]
output = 3.1415926535897932384626433832
```

6. Mathematica 中的表

表可以用来表示数学中的集合、向量、矩阵和数据库中的记录。在 Mathematica 中，任何用一对花括号括起来的一组元素都代表一个表，其中的元素用逗号分隔且各元素可以具有不同的类型，特别是其中的元素也可以是一个表。表的形式：{元素 1,元素 2,元素 3,…,元素 n}，如 {1,3,5}、{3,x,{1,y},4} 都是表。

1）建表命令的形式

（1）命令形式 1：

```
Table[f(i),{i,imin,imax,h}]
```

其中，$h > 0$。

功能：产生一个表 $\{f(imin),f(imin+h),f(imin+2h),\cdots,f(imin+nh)\}$。

例如：

```
In[8]: = Table[i^2,{i,1,19,2}]
Out[8] = {1,9,25,49,81,121,169,225,289,361}
```

（2）命令形式 2：

```
Table[f(i),{i,imin,imax}]
```

相当于 $h = 1$。

功能：产生一个表 $\{f(imin),f(imin+1),f(imin+2),\cdots,f(imin+n)\}$。

例如：

```
In[9]: = Table[i^2,{i,2,10}]
Out[9] = {4,9,16,25,36,49,64,81,100}
```

（3）命令形式 3：

```
Table[f,{循环次数 n}]
```

其中，f 为常数。

功能：产生 n 个 f 的一个表 $\{f,f,f,\cdots,f\}$。

例如：

```
In[10]: = Table[2,{8}]
Out[10] = {2,2,2,2,2,2,2,2}
```

（4）命令形式 4：

$$\mathrm{Table}\big[\,f(i,j),\{i,imin,imax\},\{j,jmin,jmax\}\,\big]$$

功能：产生一个二维表 $\{\{f(imin,jmin),f(imin,jmin+1),f(imin,jmin+2),\cdots,f(imin+m)\},\{f(imin+1,jmin),f(imin+1,jmin+1),f(imin+1,jmin+2),\cdots,f(imin+1,jmin+m)\},\cdots,\{f(imin+n,jmin),f(imin+n,jmin+1),f(imin+n,jmin+2),\cdots,f(imin+n,jmin+m)\}$。

例如：

$$\mathrm{In}[11]: = \mathrm{Table}[i-j,\{i,1,6\},\{j,1,2\}]$$
$$\mathrm{Out}[11] = \{\{0,-1\},\{1,0\},\{2,1\},\{3,2\},\{4,3\},\{5,4\}\}$$

2）表的分量表示

有时为了需要，希望取出表中的某个（或某些）元素参与后续的运算和处理。常用的表示表分量的命令有以下 3 种。

（1）命令形式 1：

表[[序号 n]]

功能：取出表中序号为 n 的元素。

例如：取出表 $\{1,9,x,49,81,\{121,169\},225,289,361\}$ 的顺数第 3 个元素、第 6 个元素、和倒数第 2 个元素。命令：

$$\mathrm{In}[12]: = \{1,9,x,49,81,\{121,169\},225,289,361\}[[3]]$$
$$\mathrm{Out}[12] = x$$
$$\mathrm{In}[13]: = \{1,9,x,49,81,\{121,169\},225,289,361\}[[6]]$$
$$\mathrm{Out}[13] = \{121,169\}$$
$$\mathrm{In}[14]: = \{1,9,x,49,81,\{121,169\},225,289,361\}[[-2]]（倒数可以用负号表示）$$
$$\mathrm{Out}[14] = 289$$

（2）命令形式 2：

表[[｛序号 n1,序号 n2,序号 n3,…,序号 nm｝]]

功能：取出由表中序号分别为 n1,n2,…,nm 的 m 个元素组成的一个表，其中序号 n1,n2,…,nm 可以重复。

例如：取出由表 $\{1,9,x,49,81,\{121,169\},225,289,361\}$ 中序号分别为 1,3,3,6,-1 的 5 个元素，组成的一个表。命令：

$In[15] := \{1,9,x,49,81,\{121,169\},225,289,361\}[[\{1,3,3,6,-1\}]]$

$Out[15] = \{1,x,x,\{121,169\},361\}$

（3）命令形式 3：

表[[序号 n1, 序号 n2]]

功能：取出表中序号为 n1 元素（该元素必须是一个表）的序号为 n2 的元素。

例如：取出表 $\{1,9,x,49,81,\{121,169\},225,289,361\}$ 中序号为 6 的元素的顺数第 2 个元素。命令：

$In[16] := \{1,9,x,49,81,\{121,169\},225,289,361\}[[6,2]]$

$Out[16] = 169$

3）表的运算函数

Mathematica 表的运算函数有很多，这里介绍两个常用的函数：

- Apply[Plus, 表]，用于对表中的所有元素求和。
- Apply[Times, 表]，用于对表中所有元素求积。

例如：将表 $\{1,9,49,81,225,289,361\}$ 中的所有元素相加、相乘。命令：

$In[17] := t = \{1,9,49,81,225,289,361\}$

$In[18] := Apply[Plus, t]$

$Out[18] = 1015$

$In[19] := Apply[Times, t]$

$Out[19] = 838515647025$

7. Mathematica 中的变量

1）Mathematica 的变量命名

（1）变量名规定为任何小写英文字母或以小写英文字母开头后接若干字母（或数字）表示的字符串，如 x、y、ae3、d3er45 都是合法的变量名。

（2）变量名一般不用大写字母。如果在某些情况下一定要用大写字母，应该注意不要与 Mathematica 中的数学常数和内部函数或命令的混淆。Mathematica 中的变量名区分大小写字母，如在 Mathematica 中 ab 与 Ab 表示两个不同的变量。

（3）变量名中的字符之间不能有空格，因为变量名中的空格在 Mathematica 中被理解为变量的乘积。例如，abcd 与 ab cd 的含义不同，前者表示一个变量 abcd，而后者被视为变量 ab 和变量 cd 的乘积。

（4）变量名不能以数字开头的字符串表示。如果出现了这种字符串，则 Mathematica 将其理解为数字与变量的乘积。例如：以数字开头的字符串 3asd，在 Mathematica 中表示 3 乘以变量 asd，即 3asd 表示 3 × asd。

（5）在 Mathematica 中，变量使用前不必定义变量类型。Mathematica 变量的类型可以不断变化，取决于其中所存数据的类型；变量不但可以存放前面所介绍的四种类型（整数、有理数、实数、复数）数据，而且可以存放一个方程式、一个图形或更复杂的关系式。

2）Mathematica 中的变量取值与清除

如果一个变量在程序运行中没有被存储内容，则该变量名只作为一般的数学符号参与程序处理。如果变量被存储了内容，则称为变量取值。变量取值之后，该变量就用存入的内容参与程序的处理。在 Mathematica 中，变量获取值的方式有三种：变量赋值、键盘输入和变量替换。

（1）变量赋值。Mathematica 中变量赋值的一般形式：

> 变量 = 表达式

其中，" = "称为赋值号；表达式是广义的表达式，即它可以是数值和通常意义的数学表达式，还可以是一个方程或图形等。例如：

> In[20] : = x = 2 + 2
> Out[20] = 4
> In[21] : = x * x − x + 1
> Out[21] = 13

（2）键盘输入。键盘输入方式是变量取值的另一种常用方式，多用于需要在命令或程序的运行中由用户从键盘上临时输入的人机交互式变量取值。键盘输入的命令形式：

> 变量 = Input[ ]

当遇到上面的键盘输入命令后，会弹出一个输入对话框，待用户通过键盘输入一个表达式，输入完毕后，单击"OK"按钮，计算机将输入的表达式求值后，将结果存储在等号左边的变量中。这里 " = " 是赋值号。例如：

> In[22] : = x = Input[ ]　　　　　//＊变量 x 等待键盘输入赋值
> Out[22] = 23　　　　　　　　　//此时 x 从键盘上被赋值 23
> In[23] : = x + 1
> Out[23] = 24

（3）变量替换。变量替换类似于数学中的计算函数在某一点的函数值。变量替换的一般形式：

> 表达式/. 变量名 1 –> 表达式 1

或

表达式/. {变量名 1 –> 表达式 1,变量名 2 –> 表达式 2,…}

这里的符号"/."是由键盘上的符号"/"和"."组成的,中间不能有空格;同样,"–>"也是由键盘上的两个符号"–"和">"组成的,中间也不能有空格。例如:

$In[24] := 2x + 3y /. x –> 2.1$

$Out[24] = 4.2 + 3y$

$In[25] := 2x + 3y /. \{x –> 2.1, y –> 1 + a\}$

$Out[25] = 4.2 + 3(1 + a)$

(4) 清除变量。清除变量的含义是清除给变量所赋的值,它的命令形式:

变量名 =.

或

Clear[变量名 1,变量名 2,…]

清除变量后,变量名就还原成一般的数学符号了。

3)Mathematica 中有关变量的注意事项

在使用变量前,用清除命令清除其中的内容。Mathematica 中的变量名还可以用作代数中的数学符号。在 Mathematica 的命令(或程序)中出现的任何合法的变量名符号,如果该变量名所代表的变量没有被赋值,则它就作为数学算式中的符号参与数学的公式推导和运算;如果该变量被赋值了,则用该变量所赋的值参与对应数学的公式推导和运算。因此,如果用户在做符号运算时使用的符号有被赋值的变量名,就会出现察觉不到的错误。

变量替换时,变量本身仍是数学符号,没有发生变量赋值的行为。例如:

$In[26] := x = 9;$　　　　　　　　(若后面需要进行符号运算,则需要清除)

$In[27] := 6/x - 7$

$Out[27] = -19/3$

$In[28] := x =.$

$In[29] := 6x - 7 /. x –> 9$　　　　(变量替换,没有赋值行为)

$Out[29] = -19/3$

$In[30] := 6/x - 7$

$Out[30] = 6/x - 7$

8. Mathematica 中的函数

1)Mathematica 的内部函数

Mathematica 有很丰富的内部函数,它们是 Mathematica 系统自带的函数,只要输入相应的函数名,就可以方便地使用这些函数。内部函数既有数学中常用的函数,也有工程中用到的特殊函数。如果用户想自己定义一个函数,Mathematica 也提供了这种功能。

Mathematica 的内部函数名大部分是其英文单词的全名,如 Random。Mathematica 内部函数的名字第一个字母一定要大写,其后的字母一般为小写,不过如果该名字有多个含义,则函数名字中体现每个含义的第一个字母也要大写,如反正切函数 arctan$x$ 中含有反"arc"和正切"tan"两个含义,故它的 Mathematica 函数表示为 ArcTan[x]。

Mathematica 中的函数自变量应该用方括号 [ ] 括起,不能用圆括号 ( ) 括起,即一个数学中的函数 f(x , y , $\cdots$)应该写为 f[x , y , $\cdots$]。

常用的 Mathematica 内部函数及其功能如表 3.13 所示。

表 3.13　常用的 Mathematica 内部函数及其功能

函数	功能
Abs[x]	表示 x 的绝对值 $\lvert x \rvert$
Round[x]	表示最接近 x 的整数
Floor[x]	表示不大于 x 的最大整数
Ceiling[x]	表示不小于 x 的最大整数
Sign[x]	表示 x 的符号函数 $\mathrm{sgn}(x)$
Exp[x]	表示以自然数为底的指数函数 e^x
Log[x]	表示以自然数为底的对数函数 $\ln x$
Log[a , x]	表示以数 a 为底的对数函数 $\log_a x$
Sin[x],Cos[x]	表示正弦函数 $\sin x$,余弦函数 $\cos x$
Tan[x],Cot[x]	表示正切函数 $\tan x$,余切函数 $\cot x$
ArcSin[x],ArcCos[x]	表示反正弦函数,反余弦函数
ArcTan[x],ArcCot[x]	表示反正切函数,反余切函数
Max[x1,x2,$\cdots$,xn]	表示取出实数 $x_1, x_2, \cdots, x_n$ 的最大值
Max[s]	表示取出表 s 中所有数的最大值
Min[x1,x2,$\cdots$,xn]	表示取出实数 $x_1, x_2, \cdots, x_n$ 的最小值
Min[s]	表示取出表 s 中所有数的最小值
n!	表示阶乘 $n(n-1)(n-2)\cdots 1$
n!!	表示双阶乘 $n(n-2)(n-4)\cdots$
Mod[m , n]	表示整数 m 除以整数 n 的余数
Quotient[m , n]	表示整数 m 除以整数 n 的整数部分
GCD[m1,m2,$\cdots$,mn]	表示取出整数 $m_1, m_2, \cdots, m_n$ 的最大公约数
GCD[s]	表示取出表 s 中所有数的最大公约数

续表

函数	功能
LCM[m1, m2, …, mn]	表示取出整数 $m_1, m_2, …, m_n$ 的最小公倍数
LCM[s]	表示取出表 s 中所有数的最小公倍数
Binomial[n, m]	表示二项式系数
Re[z]	取复数 z 的实部
Im[z]	取复数 z 的虚部
Conjugate[z]	取复数 z 的共轭复数
Sqrt[x]	表示 x 的平方根函数

在 Mathematica 的使用过程中，常常需要了解某个命令的详细用法，或者需要知道系统中是否有能完成某一计算的命令，联机帮助系统是最详细、最方便的资料库。

● 获取函数和命令的帮助

在 Notebook 界面下，可用"?"或"??"向系统查询运算符、函数和命令的定义和用法，获取简单而直接的帮助信息。例如：向系统查询作图函数 Plot 命令的用法为"? Plot"，系统将给出调用 Plot 的格式以及 Plot 命令的功能（如果用两个问号"??"，则信息会更详细）；若用"? Plot *"查询，系统将给出所有以"Plot"这四个字母开头的命令。

● "帮助"菜单

任何时候，用户都可以通过按【Shift + F1】组合键或单击"帮助"→"帮助浏览"，调出"帮助"菜单，如图 3.2 所示，其中各按钮的用途如表 3.14 所示。

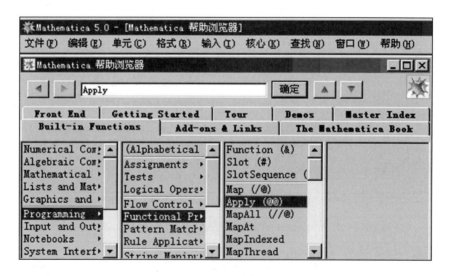

图 3.2　Mathematica 的"帮助"菜单

表 3.14　"帮助"菜单中各按钮的用途

按钮	用途
Built – in Functions	内建函数,按数值计算、代数计算、图形和编程分类存放
Add – ons & Links	程序包附件和链接
The Mathematica Book	一本完整的 Mathematica 使用手册
Getting Started	初学者入门指南
Demos	多种演示
Tour	漫游 Mathematica
Front End	菜单命令的快捷键,二维输入格式等
Master Index	按字母命令给出命令、函数和选项的索引表

　　如果要查找 Mathematica 中具有某种功能的函数,可以利用 Mahematica 使用手册,通过其目录索引可以快速定位到自己要找的帮助信息。例如:需要查找 Mathematica 中有关解方程的命令,可单击 "The Mathematica Book" → "Contents",在目录中找到有关解方程的节,单击相应的超链接,就马上调出有关内容的详细说明;如果知道具体的函数名,但不知其详细使用说明,则可以在命令按钮 "Goto" 右边的文本框中输入函数名,按【Enter】键后就显示有关函数的定义、例题和相关联的章节。例如,要查找函数 Plot 的用法,只要在文本框中输入 "Plot",按【Enter】键后将显示 Plot 函数的详细用法和例题的窗口,如图 3.3 所示。

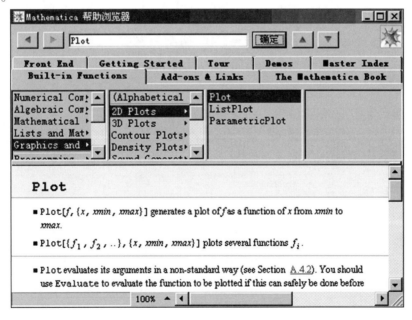

图 3.3　"帮助"菜单的使用

如果已经确知 Mathematica 中具有某个功能的函数，但不知具体函数名，可以单击"Built-in Functions"按钮，再按功能分类一步一步找到具体的函数。例如，要找画一元函数图形的函数，单击"Built-in Functions"→"Graphics and Sound"→"2D Plots"→"Plot"，找到 Plot 的帮助信息（图 3.3）。

2）Mathematica 中的自定义函数

（1）Mathematica 自定义函数的一般命令：

函数名［自变量名 1_，自变量名 2_，…］: = 表达式

这里函数名与变量名的规定相同，方括号中的每个自变量名后都要有一个下划线"_"，中部的定义号"：="的两个符号是一个整体，中间不能有空格。

（2）定义一个一元函数：

函数名［自变量名_］: = 表达式

例如：定义一个函数 $y = a\sin x + x^5$，a 是参数，命令如下：

In［44］: = y［x_］: = a * Sin［x］+ x^5

（3）定义一个二元函数：

函数名［自变量名 1_，自变量名 2_］: = 表达式

例如：定义一个函数 $z_1 = \tan \dfrac{x}{y} - y\mathrm{e}^{5x}$，命令如下：

In［45］: = z1［x_,y_］: = Tan［x/y］+ y * Exp［5x］

（4）分段函数定义方式：

f［x_］: = exp1/；condition1
f［x_］: = exp2/；condition2
f［x_］: = exp3/；condition3

有多少个分段就定义多少个 f［x_］。

如果该分段函数只使用一次或者用来做图，则可以按照下面的方式来定义。

使用 which 语句，其格式为：

f［x_］: = which［条件 1，表达式 1，条件 2，表达式 2，…，条件 n，表达式 n］

这里，f［x_］后面的冒号可有可无，根据需要自己定。

which 语句的执行过程：从判断条件 1 是否为真开始，若为真，则执行表达式 1；否则，

判断条件 2 是否为真，以此类推，直到某一个条件为真时结束，并把该条件对应的表达式结果作为 which 语句的执行结果。举例：

$$f(x) = \begin{cases} e^x \sin x, & x \leqslant 0 \\ \ln x, & 0 < x \leqslant e \\ \sqrt{x}, & x > e \end{cases}$$

代码如下：

```
f[x_]:=E^x*Sin[x]/;x<=0 或者 f[x_]:=Exp[x]*Sin[x]/;x<=0
f[x_]:=Log[x]/;x>0&&x<=E
f[x_]:=Sqrt[x]/;x>E
```

或者：

```
f[x_]=Which[x<=0,E^x,x>0&&x<=E,Log[x],x>E,Sqrt[x]]
```

（5）系统内部自有函数：

```
Piecewise[{{val₁,cond₁},{val₂,cond₂},…}]
Piecewise[{{x^2,x<0},{x,x>0}}]
f[x_]:=Piecewise[{{x^2,x<0},{x,x>0}}]
Plot[f[x],{x,0,2}]
```

自定义函数的几点注意事项：

（1）自定义函数名的首字母一般不大写，以利于区别内部函数。

（2）输入自定义函数并按【Shift + Enter】组合键后，Mathematica 不在计算机屏幕显示输出结果 Out[n]，只是记住该自定义函数的函数名和对应的表达式，以利于续的函数求值和运算使用。

（3）如果自定义函数不再使用，则应该及时清除该自定义函数，以释放由自定义函数占用的内存空间，清除自定义函数的命令与清除变量的命令相同，如 Clear[自定义函数名]。

3）Mathematica 中的函数求值

表示函数在某一点的函数值有两种方式。一种是数学方式，即直接在函数中把自变量用一个值或式子代替，如 Sin[2.3]、Sqrt[a + 1]、z1[3,5] 等；另一种是变量替换的方式，命令如下：

```
函数 /. 变量名->数值(或表达式)
```

或者：

```
函数 /. {变量名 1->数值 1(或表达式 1),变量名 2->数值 2(或表达式 2),…}
```

例如：

$$In[46] := fn[x\_] := x * Cos[x] + Sqrt[x]$$

$$In[47] := fn[2] \qquad Out[47] = Sqrt[2] + 2 Cos[2]$$

$$In[48] := fn[x] /. x \to 8 \qquad Out[48] = 2 Sqrt[2] + 8 Cos[8]$$

$$In[49] := fn[x] /. x \to a + 1 \qquad Out[49] = Sqrt[1 + a] + (1 + a) Cos[1 + a]$$

$$In[50] := fn[x\_, y\_] := x\hat{\ }3 + y\hat{\ }2$$

$$In[51] := fn[2, a] \qquad Out[51] = 8 + a2$$

$$In[52] := fn[x, y] /. \{x \to a, y \to b + 2\} \qquad Out[52] = a3 + (2 + b)2$$

9. Mathematica 中的表达式

数学中常用的表达式有算术表达式、关系表达式和逻辑表达式。

1）Mathematica 中的算术表达式

（1）在 Mathematica 中，算术表达式是由算术运算符（加（+）、减（-）、乘（*）、除（/）和幂（^）） 连接常数、变量、函数构成的一个式子。例如：57、Sqrt[x]、2+3.2、3*x-Exp[y]、(Sin[Pi/3]^4-1)*x+1、(a+1)/(3-a)-(b-1)/a 都是算术表达式。

（2）符号 %、%%、%n 在 Mathematica 中分别表示最后一次、次后一次和第 n 次的输出结果。

（3）算术表达式的运算顺序规则：括号优先；同级运算遵守从左到右的顺序；算符运算顺序的优先级（由高到低）：函数 > 幂 > 乘除 > 加减。

2）Mathematica 中的关系表达式

（1）关系表达式也称为算术关系表达式，常用来比较两个算术表达式值的大小。在 Mathematica 中，关系表达式的一般形式：

<算术表达式> <关系运算符> <算术表达式>

（2）Mathematica 的关系运算符有六种，它们的表示和含义见表 3.15。

表 3.15 Mathematica 关系运算符

关系运算符	含义	对应的数学符号	示例
==	相等关系	=	$x + 3 = 0$ 应表示为 $x + 3 == 0$
!=	不等关系	≠	$x + 3 \neq 0$ 应表示为 $x + 3 != 0$
>	大于关系	>	$x > 4$ 应表示为 $x > 4$
>=	大于等于关系	≥	$x \geq 4$ 应表示为 $x >= 4$
<	小于关系	<	$x < 4$ 应表示为 $x < 4$
<=	小于等于关系	≤	$x \leq 4$ 应表示为 $x <= 4$

注意:

(1) 由两个符号构成的关系运算符(==、! =、>=、<=),其中间不能有空格或其他符号。

(2) 关系表达式的计算顺序:先分别计算两个算术表达式的值,再比较它们的值。

(3) 关系表达式的计算结果是三个逻辑值:True(真)、False(假) 和非真非假。取值规则为:当关系表达式成立时,取值为 True;当关系表达式不成立时,取值为 False;当关系表达式不能确定时,将关系表达式原样输出,表示取值为非真非假。

(4) 关系表达式中关系运算符的计算优先级别低于算术运算符。

3) Mathematica 中的逻辑表达式

关系表达式只能表示一个条件,如果考虑的问题涉及多个条件的组合,则用逻辑表达式更方便。关系表达式的形式有:

> <关系表达式> <逻辑运算符> <关系表达式>

或者

> <逻辑运算符> <关系表达式>

或者

> <关系表达式> <逻辑运算符1> <关系表达式> <逻辑运算符2>…<关系表达式>

Mathematica 中的常用逻辑运算符见表 3.16。

表 3.16 Mathematica 逻辑运算符

逻辑运算符	名称	含义
!	逻辑非	当关系表达式 A 为真时,! A 为假; 当关系表达式 A 为假时,! A 为真
&&	逻辑与	当关系表达式 A 和 B 都为真时,A&&B 为真,否则为假
‖	逻辑或	当关系表达式 A 和 B 都为假时,A‖B 为假,否则为真

逻辑表达式常用于表示数学条件,特别是在描述变量的范围时,逻辑表达式比关系表达式更为简洁和方便,示例见表 3.17。

表 3.17 关系表达式与逻辑表达式对比示例

关系表达式	逻辑表达式
$x \in (a,b]$	x > a&&x < = b
$x \notin (a,b]$	x <= a‖x > b
$2 < x < 4$ 或 $1 <= y < 3$	(x > 2&&x < 4)‖(y >= 1&&y < 3)

4）Mathematica 中的复合表达式

在 Mathematica 中，一个用分号隔开的表达式序列称为一个复合表达式，也称为一个过程。运行 Mathematica 中的一个复合表达式就是依次执行过程中的每个表达式，且过程中最后一个表达式的值作为该复合表达式的值，例如：

In[63] := t = 1;u = t + 4;Sin[u]
Out[63] = Sin[5](显示 Sin[u]的值)

10. 绘图

1）Mathematica 绘图命令的常用形式

（1）绘一元函数 $y = f(x)$ 的图形命令：

Plot[f[x],要绘图形的自变量 x 的范围,选择项参数]

例如：

Plot[Sin[x],{x,0,10}]

结果如图 3.4 所示。

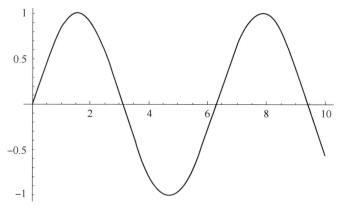

图 3.4 Plot 图形绘制示例

（2）绘二元函数 $z = f(x,y)$ 的图形命令：

Plot3D[f[x,y],要绘图形的自变量 x,y 的范围,选择项参数],

例如：

z[x_,y_] := 1/Sqrt[x^2 + y^2];
Plot3D[z[x,y],{x, -2,2},{y, -2,2}]

结果如图 3.5 所示。

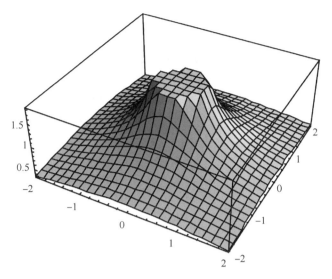

图 3.5　Plot3D 图形绘制示例（附彩图）

（3）绘平面参数曲线 $\{x = x(t), y = y(t)\}$ 的图形命令：

ParametricPlot[{x[t],y[t]},要绘图形的参数 t 的范围,选择项参数]

例如：

ParametricPlot[{Sin[t],Cos[t]},{t,0,9}]

结果如图 3.6 所示。

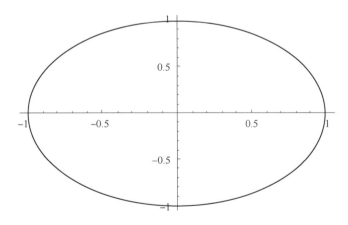

图 3.6　ParametricPlot 图形绘制示例

（4）绘空间参数曲线 $\{x = x(t), y = y(t), z = z(t)\}$ 的图形命令：

ParametricPlot3D[{x[t],y[t],z[t]},要绘图形的参数 t 的范围,选择项参数]

例如：

ParametricPlot3D[{Sin[t],Cos[t],Sin[t]},{t,0,10}]

结果如图 3.7 所示。

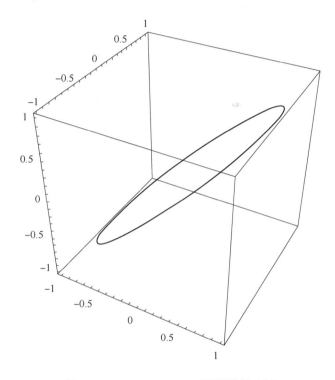

图 3.7　ParametricPlot3D 图形绘制示例

（5）绘参数曲面 $\{x=x(u,v),y=y(u,v),z=z(u,v)\}$ 的图形命令：

ParametricPlot3D[{x[u,v],y[u,v],z[u,v]},要绘图形的参数 u,v 的范围,选择项参数]

例如：

ParametricPlot3D[{Sin[x+y],Cos[x^2+y],Sin[x+y^2]},{x,0,3},{y,0,4}]

结果如图 3.8 所示。

（6）绘平面点集图 $\{x1,y1\},\{x2,y2\},\cdots,\{xn,yn\}$ 散点图命令：

ListPlot[{{x1,y1},{x2,y2},\cdots,{xn,yn}},选择项参数]

结果如图 3.9 所示。

此外，也可结合 SmartDraw、Visio 图形软件，图形更形象。

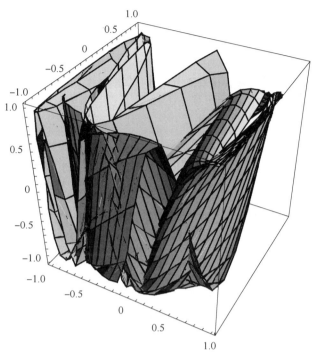

图 3.8　参数曲面图形绘制示例（附彩图）

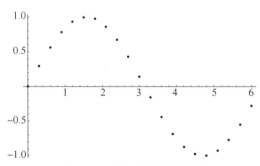

图 3.9　平面点集图绘制示例

2）绘图命令中的选择项参数

绘图命令中的选择项参数的形式：

> 选项参数名称 –> 参数值

接下来，列举一些常用的绘图选项。

（1）选项参数名称：AspectRatio。

含义：图形的高度与宽度比。

参数取值：作为平面图形参数值时，该选项参数的默认值为 1/GoldenRatio，这里的 GoldenRatio 是数学常数 0.618；作为空间图形参数值时，该选项参数的默认值为 Automatic。AspectRatio 取 Automatic 值时，表示图形按实际比例显示。AspectRatio –> 1，表示显示的图形高度与宽度比是 1∶1。

例如：

Plot[{Sin[x],Cos[2x]},{x,0,2Pi}]

结果如图 3.10 所示。

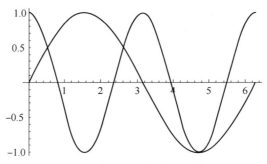

图 3.10　图形高度与宽度比设置（一）

又如：

Plot[{Sin[x],Cos[2x]},{x,0,2Pi},AspectRatio ->1]

结果如图 3.11 所示。

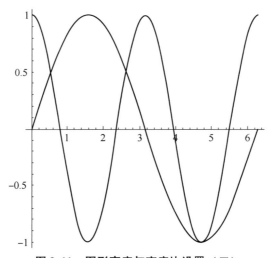

图 3.11　图形高度与宽度比设置（二）

（2）选项参数名称：Axes。

含义：图形是否有坐标轴。

参数取值：该参数的取值为 True 和 None。该选项参数的默认值为 True。Axes -> True，表示显示的图形有坐标轴；Axes -> None，表示显示的图形没有坐标轴。

例如：

$$Plot[\{Sin[x],Cos[2x]\},\{x,0,2Pi\},AspectRatio->1,Axes->None]$$

结果如图 3.12 所示。

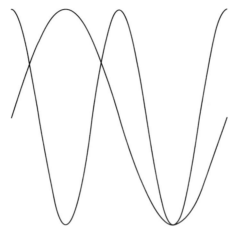

图 3.12　无坐标轴图形

（3）选项参数名称：Frame。

含义：平面图形是否加框。

参数取值：该参数的取值为 True 和 False。该选项参数只用于平面图形，其默认值为 False. Frame -> True，表示显示的图形有框；Frame -> False，表示显示的图形没有框。

例如：

$$Plot[\{Sin[x],Cos[2x]\},\{x,0,2Pi\},AspectRatio->1,Axes->None,Frame->True]$$

结果如图 3.13 所示。

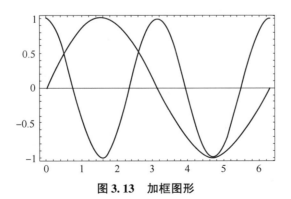

图 3.13　加框图形

（4）选项参数名称：FrameLabel。

含义：平面图形框的周围是否加标记。

参数取值：该参数的取值为 None 和 {xb,yl,xt,yr}。该选项参数只用于平面图形且在 Frame –> True 时才有效，其默认值为 None。FrameLabel –> {a,b,c,d} 表示显示的图形框的四个边的标记由底边起按顺时针方向依次为 a、b、c、d；FrameLabel –> None，表示显示的图形框周围没有标记。

例如：

Plot[{Sin[x] ,Cos[2x] } , {x,0,2Pi} ,AspectRatio –> 1 ,Axes None,Frame –> True,FrameLabel –> {a,b,c,d}]

结果如图 3.14 所示。

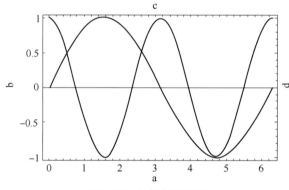

图 3.14　加框标记图形

（5）选项参数名称：PlotLabel。

含义：是否设置图形名称标记。

参数取值：该参数取值为 "字符串" 和 None，默认值为 None。PlotLabel –> None，表示没有图形名称标记；PlotLabel –> "Figure 1"，使显示的图形上标出符号 Figure 1 作为该函数图形名称。

例如：

Plot[{Sin[x] ,Cos[2x] } , {x,0,2Pi} ,PlotLabel "Figure 1"]

结果如图 3.15 所示。

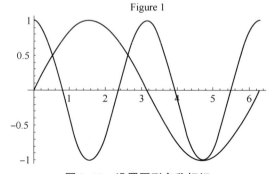

图 3.15　设置图形名称标记

（6）选项参数名称：AxesLabel。

含义：是否设置图形坐标轴标记。

参数取值：该参数的默认值为 None；作为平面图形输出参数时，该选项参数取值为｛"字符串 1"，"字符串 2"｝，表示将"字符串 1"设置为横坐标轴标记，将"字符串 2"设置为纵坐标轴标记；作为空间图形输出参数时，该选项参数取值为 ｛"字符串 1"，"字符串 2"，"字符串 3"｝，表示将"字符串 1"设置为横坐标轴标记，将"字符串 2"设置为纵坐标轴标记，将"字符串 3"设置为竖坐标轴标记。

AxesLabel −> None，表示显示的图形坐标轴没有标记；AxesLabel −> ｛"time"，"speed"｝，表示平面图形的横坐标轴标记显示为 time 纵坐标轴标记显示为 speed；AxesLabel −> ｛"time"，"Spead"，"height"｝，表示空间图形的横坐标轴标记设置为 time，纵坐标轴标记设置为 spead，竖坐标轴标记设置为 height。

例如：

Plot［｛Sin［x］，Cos［2x］｝，｛x，0，2Pi｝，AxesLabel｛"time"，"speed"｝］

结果如图 3.16 所示。

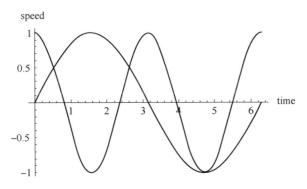

图 3.16　设置坐标轴名称标记

（7）选项参数名称：PlotRange。

含义：设置图形的范围。

参数取值：PlotRange −> Automatic，表示用 Mathematica 内部算法显示的图形；PlotRange −> ｛1，8｝，表示只显示函数值在 1 ~ 8 之间的平面曲线图形或空间曲面图形；PlotRange −> ｛｛2，5｝，｛1，8｝｝，表示只显示自变量在 2 ~ 5 之间且函数值在 1 和 8 之间的平面曲线图形；PlotRange −> ｛｛2，5｝，｛1，8｝，｛−2，5｝｝，显示第一个自变量在 ［2，5］ 范围内、第二个自变量在 ［1，8］ 范围内且函数值在 ［−2，5］ 范围内的曲面图形。

例如：

Plot［｛Sin［x］，Cos［2x］｝，｛x，0，2Pi｝，PlotRange｛0，2｝］

结果如图 3.17 所示。

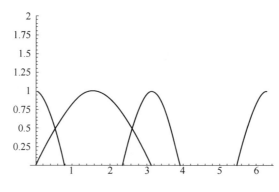

图 3.17　设置图形绘制范围

（8）选项参数名称：PlotStyle。

含义：设置所绘曲线（或点图）的颜色、曲线粗细（或点的大小）及曲线的虚实等显示样式。

参数取值：与曲线样式函数的取值对应。

曲线样式函数：

● RGBColor[r,g,b]　颜色描述函数，自变量 r、g、b 的取值范围为闭区间 [0,1]，其中，r、g、b 分别对应红（red）、绿（green）、蓝（blue）三种颜色的强度，它们的不同取值组合将产生不同的色彩。

● Thickness[t]　曲线粗细描述函数。自变量 t 描述曲线粗细所占整个图形的百分比，取值范围为闭区间 [0,1]，通常取值小于 0.1。二维图形的粗细默认值为 Thickness[0.004]，三维图形的粗细默认值为 Thickness[0.001]。

● GrayLevel[t]　曲线灰度描述函数。自变量 t 的取值范围为闭区间 [0,1]，GrayLevel[0]为白色，GrayLevel[1]为黑色。

● PointSize[r]　点的大小描述函数。自变量 r 的取值范围为闭区间[0,1]，通常 r 取值小于 0.01。二维点图形的默认值为 PointSize[0.008]，三维点图形的默认值为 PointSize[0.01]。

● Dashing[{d1,d2,…,dn}]　虚线图形描述函数，虚线图周期地使用序列值 {d1,d2,…,dn}，在对应的曲线上采取"依次交替画长为 d1 的实线段，擦除长为 d2 的实线段，再画长为 d3 的实线段，擦除长为 d4 的实线段，……"的方式画出虚线图。

例如：在同一坐标系中，分别用红、绿、蓝颜色的线画出三个函数图形：

```
Plot[{Sin[x],Cos[x],x/2},{x,-Pi,Pi},PlotStyle{RGBColor[1,0,0],RGBColor[0,1,0],RGBColor[0,0,1]}]
```

结果如图 3.18 所示。

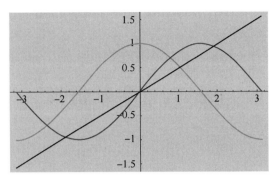

图 3.18　设置图形绘制背景（附彩图）

（9）用 Show 组合几个图。例如：

```
p1 = Plot[x * Sin[x],{x, -10,10}];
p2 = Plot[x * Cos[x],{x, -10,10}];
Show[{p1,p2},Axes False];
Clear[p1,p2];
```

第 4 章

卫星轨道参数仿真

一、实验目的

（1）掌握六个轨道参数的几何意义。

（2）掌握真近点角、平近点角和偏近点角之间的转换。

（3）掌握位置、速度与时间之间的关系的计算。

（4）掌握星下点轨迹的计算。

二、实验原理

1. 卫星轨道参数

航天器的六个轨道要素用于描述航天器的轨道特性，有明显的几何意义。这六个轨道要素主要描述了以下四个问题：

（1）轨道什么样？

（2）轨道面在哪里？

（3）轨道在哪里？

（4）卫星在哪里？

决定卫星轨道大小和形状的参数：半长轴、偏心率。这两个参数是相互关联的，在定义半长轴后，就可以确定偏心率，如图 4.1 所示。

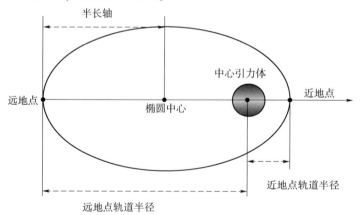

图 4.1　决定轨道大小和形状的参数

轨道位置参数：

轨道倾角：轨道平面与赤道平面夹角。

升交点赤经：赤道平面春分点向右与升交点夹角。

近地点幅角：升交点与近地点夹角。

卫星位置参数见表 4.1。

表 4.1　卫星位置参数

参数	说明
真近点角	近地点与卫星之间的地心角距，从近地点沿卫星运动方向度量
平近点角	卫星从近地点开始按平均轨道角速度运动转过的角度
偏近点角	近地点和卫星对轨道长轴垂线的反向延长线与椭圆外切圆的交点之间的圆心角距
纬度幅角	升交点到卫星的地心张角，从升交点沿卫星运动方向度量

2. 星下点轨迹

在不考虑地球自转时，航天器的星下点轨迹直接用赤经 α、赤纬 δ 表示（图 4.2），可由轨道根数求得航天器的赤经、赤纬。

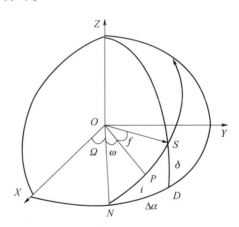

图 4.2　航天器星下点的球面解法

在球面直角三角形 SND 中：

$$\begin{cases} \sin\delta = \sin i \sin u = \sin i \sin(\omega + f) \\ \alpha = \Omega + \Delta\alpha \\ \tan\Delta\alpha = \cos i \tan u = \cos i \tan(\omega + f) \end{cases} \tag{4.1}$$

受地球自转和摄动影响，相邻轨道周期的星下点轨迹不可能重合。设地球自转角速度为 ω_E，t_0 时刻格林尼治恒星时为 S_{G0}，则任一时刻格林尼治恒星时 S_G 可表示为

$$S_G = S_{G0} + \omega_E(t - t_0) \tag{4.2}$$

在考虑地球自转时，星下点地心纬度 φ 与航天器赤纬 δ 仍然相等，星下点经度 λ 与航天器赤经 α 的关系为

$$\begin{cases} \lambda = \alpha - S_\mathrm{G} = \alpha - S_\mathrm{G0} - \omega_\mathrm{E}(t - t_0) \\ \varphi = \delta \end{cases} \tag{4.3}$$

将式（4.2）代入式（4.3），得到计算空间目标星下点地心经度 λ 与纬度 φ 的公式，即空间目标的星下点轨迹方程为

$$\begin{cases} \lambda = \Omega + \arctan((\cos i) \cdot (\tan u)) - S_\mathrm{G0} - \omega_\mathrm{E}(t - t_0) \\ \varphi = \arcsin((\sin i) \cdot (\sin u)) \end{cases} \tag{4.4}$$

式中，u——纬度幅角；

ω_E——地球自转角速度。

由式（4.4）中的第二式可知，$i = 90°$时，φ 取极大值 $\varphi_{\max}$；$i = -90°$时，φ 取极小值 $\varphi_{\min}$，且有

$$\varphi_{\max} = \begin{cases} i, & i \leqslant 90° \\ 180° - i, & i \geqslant 90° \end{cases}, \quad \varphi_{\min} = \begin{cases} i, & i \leqslant 90° \\ i - 180°, & i \geqslant 90° \end{cases} \tag{4.5}$$

因此，空间目标的轨道倾角 i 决定了星下点轨迹能到达的南北纬的极值。

三、实验内容

给定一颗卫星的轨道根数如下：

$h = 58930 \ \mathrm{km^2/s}$；$i = 39.687°$；$e = 0.42607$；

$\Omega = 130.32°$；$\omega = 42.373°$；$\theta = 52.404°$

（1）结合 6 个轨道参数的几何意义，固定 5 个参数，用 MATLAB 分别画出另一个参数取不同值时的轨道平面内一个周期的轨迹及对应的三维轨迹图。

（2）利用 MATLAB 编程计算轨道三个周期的星下点轨迹。

四、扩展思考

（1）分析二体条件下圆轨道六个轨道参数随时间的变化规律。

（2）比较分析极轨道、太阳同步轨道、地球同步轨道、GEO 轨道的特点，并给出相应的图示说明。

第 5 章

航天器轨道计算

一、实验目的

（1）了解航天器轨道六要素与空间位置的关系。

（2）利用轨道根数与位置速度之间的转换关系计算航天器的轨道。

二、实验原理

图 5.1 所示为轨道的空间关系；图 5.2 所示为轨道平面内的椭圆轨道要素。

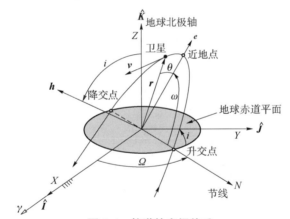

图 5.1　轨道的空间关系

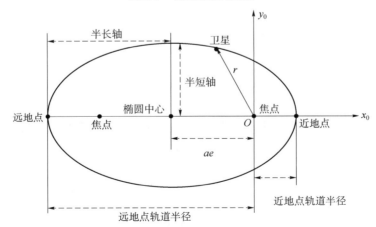

图 5.2　轨道平面内的椭圆轨道要素

根据航天器的轨道六要素，可以算出航天器任意时刻在空间中的位置。

下面推导航天器的轨道六要素与空间位置间的转换关系。不失一般性，假设这里的空间位置为航天器在地心惯性坐标系中的坐标值。定义地心惯性坐标系 $OXYZ$：坐标原点 O 为地球中心，X 轴沿赤道面和黄道面的交线，指向春分点；Z 轴垂直于赤道面，与地球自转角速度矢量一致；Y 轴在赤道面内与 X 轴垂直，且与 X 轴、Z 轴构成右手直角坐标系，如图 5.1 所示。

首先，定义地心轨道坐标系 $Ox_o y_o z_o$，如图 5.2 所示，z_o 轴由右手正交定则确定。在地心轨道坐标系中，卫星的位置坐标为

$$\begin{cases} x_o = r\cos f \\ y_o = r\sin f \\ z_o = 0 \end{cases}$$ (5.1)

式中，r——航天器与中心引力体的距离，

$$r = \frac{a(e^2 - 1)}{1 + e\cos f}$$ (5.2)

地心轨道坐标系 $Ox_o y_o z_o$ 与地心惯性坐标系 $OXYZ$ 之间的转换关系：先将地心轨道坐标系绕矢量 z_o 轴转角 $(-\omega)$；再绕节线 ON 转角 $(-i)$；最后绕 Z 轴转角 $(-\Omega)$，经过这样三次旋转后，地心轨道坐标系和地心惯性坐标系重合。

应用坐标转换公式导出航天器在地心惯性坐标系 $OXYZ$ 中的坐标为

$$\begin{bmatrix} x \\ y \\ z \end{bmatrix} = R_z(-\Omega) R_x(-i) R_z(-\omega) \begin{bmatrix} x_o \\ y_o \\ z_o \end{bmatrix}$$

$$= \begin{bmatrix} \cos\omega\cos\Omega - \sin\omega\cos i\sin\Omega & -\sin\omega\cos\Omega - \cos\omega\cos i\sin\Omega & \sin i\sin\Omega \\ \cos\omega\sin\Omega + \sin\omega\cos i\cos\Omega & -\sin\omega\sin\Omega + \cos\omega\cos i\cos\Omega & -\sin i\cos\Omega \\ \sin\omega\sin i & \cos\omega\sin i & \cos i \end{bmatrix} \begin{bmatrix} r\cos f \\ r\sin f \\ 0 \end{bmatrix}$$

$$= r\begin{bmatrix} \cos\Omega\cos(\omega+f) - \sin\Omega\sin(\omega+f)\cos i \\ \sin\Omega\cos(\omega+f) + \cos\Omega\sin(\omega+f)\cos i \\ \sin(\omega+f)\sin i \end{bmatrix}$$ (5.3)

这就是用轨道要素描述航天器位置的公式，其中求真近点角 f 需解开普勒方程。

三、实验内容

利用 MATLAB 中的 Simulink 进行编程，实现航天器轨道根数与空间位置的转换；之后，通过 Simulink 中的 VR 工具箱对航天器的运行轨道进行三维立体仿真。

四、实验步骤

仿真实验系统如图 5.3 所示。该系统由四部分组成，分别为航天器与中心引力体的距离

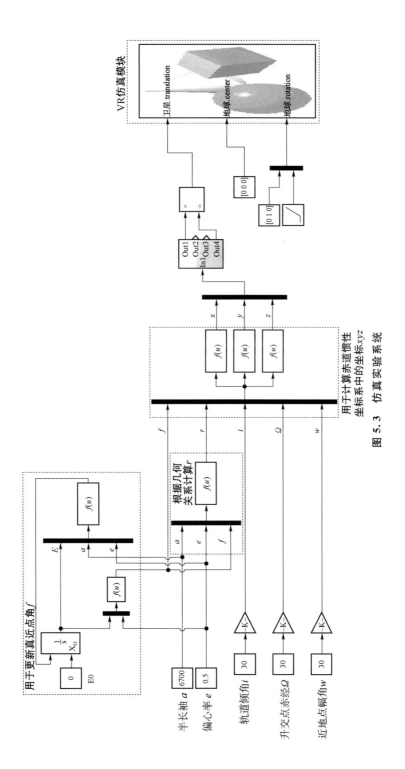

图 5.3　仿真实验系统

r 计算模块、航天器在赤道惯性坐标系中的坐标计算模块、真近点角 f 计算模块以及 VR 仿真模块。其中，前两个模块是本次实验需要搭建的模块。

在仿真中，主要应用了 Simulink 标准库中常用的如下模块库：

- Math Operations（数学运算模块库）：主要完成基本的数学运算。
- Signal Routing（信号的路径）：对输入的多路信号重新排序，或者选择其中的某几路信号输出。
- Sinks（接收模块库）：主要包括常用的输出模块。
- Sources（源模块库）：主要包括信号发生器等信号输入模块。

实验的具体步骤如下：

第 1 步，计算航天器与中心引力体的距离 r。

利用 MATLAB 中的 Simulink 实现式（5.2）中 r 的计算。

第 2 步，计算航天器在赤道惯性坐标系中的坐标。

利用 MATLAB 中的 Simulink 实现式（5.3）的计算。

第 3 步，显示航天器的运行轨迹。

要求分别显示航天器在赤道惯性坐标系中 XOZ、XOY 及 YOZ 平面的运动轨迹。

第 4 步，航天器轨道要素的几何意义。

改变航天器的轨道六要素，观察航天器运行轨道的变化。

五、实验思考

（1）当偏心率取不同值时，轨道的形状有何变化？

（2）当偏心率 $e=1$ 时，r 的计算会出错。如何进行编程避免这种错误？

第 6 章

初始轨道确定

一、实验目的

（1）掌握初始轨道确定的基本概念。

（2）掌握高斯初始轨道确定方法的基本原理，能够编程实现高斯初始轨道。

二、实验原理

设有某一天体在 t_1、t_2 和 t_3 三个时刻的观测量，如图 6.1 所示。每次观测的地心位置矢量 $\boldsymbol{r}$ 与观测者的位置矢量 $\boldsymbol{R}$ 和斜距 ρ 以及观测站的方向余弦矢量相关。

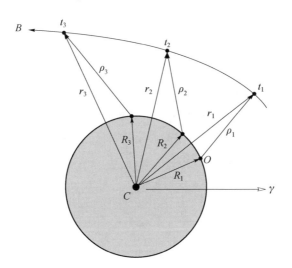

图 6.1　引力中心 C、观测者 O 和被跟踪天体 B

$$\begin{cases} \boldsymbol{r}_1 = \boldsymbol{R}_1 + \rho_1 \hat{\boldsymbol{\rho}}_1 \\ \boldsymbol{r}_2 = \boldsymbol{R}_2 + \rho_2 \hat{\boldsymbol{\rho}}_2 \\ \boldsymbol{r}_3 = \boldsymbol{R}_3 + \rho_3 \hat{\boldsymbol{\rho}}_3 \end{cases} \tag{6.1}$$

观测者 O 的位置矢量 $\boldsymbol{R}_1$、$\boldsymbol{R}_2$ 和 $\boldsymbol{R}_3$ 可根据观测站的位置与观测时间确定。$\hat{\boldsymbol{\rho}}_1$、$\hat{\boldsymbol{\rho}}_2$ 和 $\hat{\boldsymbol{\rho}}_3$ 可通过天体每次观测时的赤经 α 和赤纬 δ 求得。式（6.1）是三个矢量方程，即 9 个标量方

程，共有 12 个未知数：矢量 r_1、r_2 和 r_3 的三个分量，以及斜距 ρ_1、ρ_2 和 ρ_3[1]。

另外，角动量守恒要求三个矢量 r_1、r_2 和 r_3 位于同一平面内，因此可以再引入 3 个方程，即 r_2 为 r_1 与 r_3 的一个线性组合：

$$r_2 = c_1 r_1 + c_3 r_3 \tag{6.2}$$

增加这个矢量方程的同时引进了两个未知数 c_1 和 c_3。式（6.1）与式（6.2）组合，得到 12 个标量方程，含有 14 个未知数。

此外，根据二体运动方程可知：利用拉格朗日系数，在轨天体的状态矢量 r 和 v 可由任意给定时刻的状态矢量表示。也就是说，我们可以用 t_2 时刻的位置 r_2 和速度 v_2 表示位置矢量 r_1 和 r_3：

$$\begin{cases} r_1 = f_1 r_2 + g_1 v_2 \\ r_3 = f_3 r_2 + g_3 v_2 \end{cases} \tag{6.3}$$

式中，f_1, g_1——拉格朗日系数在 t_1 时刻的值；

f_3, g_3——在 t_3 时刻的值。

若三次观测的时间间隔足够小，则由下式

$$\begin{cases} f = 1 - \dfrac{\mu}{2r_0^3}\Delta t^2 + \dfrac{\mu}{2}\dfrac{r_0 \cdot v_0}{r_0^5}\Delta t^3 + \dfrac{\mu}{24}\left[-2\dfrac{\mu}{r_0^6} + 3\dfrac{v_0^2}{r_0^5} - 15\dfrac{(r_0 \cdot v_0)^2}{r_0^7}\right]\Delta t^4 \\ g = \Delta t - \dfrac{1}{6}\dfrac{\mu}{r_0^3}\Delta t^3 + \dfrac{\mu}{4}\dfrac{r_0 \cdot v_0}{r_0^5}\Delta t^4 \end{cases} \tag{6.4}$$

可知，f 和 g 可近似认为仅与初始时刻引力中心的距离有关。也就是说，式（6.3）中的系数仅与 r_2 有关。因此，由式（6.3）产生了 6 个标量方程，却只增加了 4 个未知数：v_2 的三个分量和半径 r_2。此时，我们已经得到了 18 个方程、18 个未知数。因此，问题是确定性的，可以进行求解。其目标就是测定出中间时刻 t_2 时的状态矢量 r_2 和 v_2。

首先，求解式（6.2）中的 c_1 和 c_3。将式（6.2）中的每一项与 r_3 叉乘，可得：

$$r_2 \times r_3 = c_1(r_1 \times r_3) + c_3(r_3 \times r_3) \tag{6.5}$$

由于 $r_3 \times r_3 = 0$，所以式（6.5）化简为

$$r_2 \times r_3 = c_1(r_1 \times r_3) \tag{6.6}$$

将此结果与 $r_1 \times r_3$ 点乘并解出 c_1，即

$$c_1 = \frac{(r_2 \times r_3) \cdot (r_1 \times r_3)}{\|r_1 \times r_3\|^2} \tag{6.7}$$

与此类似，由式（6.2）可得

$$c_3 = \frac{(r_2 \times r_1) \cdot (r_3 \times r_1)}{\|r_1 \times r_3\|^2} \tag{6.8}$$

然后，利用式（6.3）从 c_1 和 c_3 的表达式中消去 r_1 和 r_3。由式（6.3）可得

$$r_1 \times r_3 = (f_1 r_2 + g_1 v_2) \times (f_3 r_2 + g_3 v_2) = f_1 g_3 (r_2 \times v_2) + f_3 g_1 (v_2 \times r_2) \tag{6.9}$$

由于 $r_2 \times v_2 = h$，h 为轨道的角动量常矢量，所以

$$r_1 \times r_3 = (f_1 g_3 - f_3 g_1) h \tag{6.10}$$

因此，有

$$\| r_1 \times r_3 \|^2 = (f_1 g_3 - f_3 g_1)^2 h^2 \tag{6.11}$$

与此类似，有

$$r_2 \times r_3 = r_2 \times (f_3 r_2 + g_3 v_2) = g_3 h \tag{6.12}$$

及

$$r_2 \times r_1 = r_2 \times (f_1 r_2 + g_1 v_2) = g_1 h \tag{6.13}$$

将式（6.10）、式（6.12）和式（6.13）代入式（6.7），可得

$$c_1 = \frac{g_3 h \cdot (f_1 g_3 - f_3 g_1) h}{(f_1 g_3 - f_3 g_1)^2 h^2} = \frac{g_3 (f_1 g_3 - f_3 g_1) h^2}{(f_1 g_3 - f_3 g_1)^2 h^2} = \frac{g_3}{f_1 g_3 - f_3 g_1} \tag{6.14a}$$

与此类似，可得

$$c_3 = -\frac{g_1}{f_1 g_3 - f_3 g_1} \tag{6.14b}$$

至此，式（6.2）中的系数已经被表示为仅与拉格朗日系数相关的函数关系，并且到这里为止，未做任何近似。由于要继续往下推导，我们将不得不做相应的近似处理。

假定观测间隔非常小，在此条件下对 c_1 和 c_3 进行近似处理。我们引入标记 $\tau_1 = t_1 - t_2$，$\tau_3 = t_3 - t_2$，τ_1 和 τ_3 为相邻观测量 $\hat{\rho}_1$、$\hat{\rho}_2$ 和 $\hat{\rho}_3$ 之间的时间间隔。若时间间隔 τ_1 和 τ_3 足够小，则我们可以只保留拉格朗日系数 f 和 g 的时间级数展开式的前两项，从而得到如下近似值：

$$f_1 \approx 1 - \frac{1}{2} \frac{\mu}{r_2^3} \tau_1^2 \tag{6.15a}$$

$$f_3 \approx 1 - \frac{1}{2} \frac{\mu}{r_2^3} \tau_3^2 \tag{6.15b}$$

$$g_1 \approx \tau_1 - \frac{1}{6} \frac{\mu}{r_2^3} \tau_1^3 \tag{6.15c}$$

$$g_3 \approx \tau_3 - \frac{1}{6} \frac{\mu}{r_2^3} \tau_3^3 \tag{6.15d}$$

在 f 和 g 的表达式中，我们略去其他项，只保留了前两项，所以在式（6.15）中只出现未知的位置量 r_2。更高次的项会涉及另一未知量 v_2。

根据式（6.15），我们可以计算出式（6.14）中的分母：

$$f_1 g_3 - f_3 g_1 = \left(1 - \frac{1}{2} \frac{\mu}{r_2^3} \tau_1^2\right)\left(\tau_3 - \frac{1}{6} \frac{\mu}{r_2^3} \tau_3^3\right) - \left(1 - \frac{1}{2} \frac{\mu}{r_2^3} \tau_3^2\right)\left(\tau_1 - \frac{1}{6} \frac{\mu}{r_2^3} \tau_1^3\right) \tag{6.16}$$

将式（6.16）右边展开后合并同类项，可得

$$f_1 g_3 - f_3 g_1 = (\tau_3 - \tau_1) - \frac{1}{6} \frac{\mu}{r_2^3} (\tau_3 - \tau_1)^3 + \frac{1}{12} \frac{\mu^2}{r_2^6} (\tau_1^2 \tau_3^3 - \tau_1^3 \tau_3^2) \tag{6.17}$$

保留 τ_1 和 τ_3 的到 3 次项，并令 $\tau = \tau_3 - \tau_1$，则式（6.17）可简化为

$$f_1 g_3 - f_3 g_1 \approx \tau - \frac{1}{6}\frac{\mu}{r_2^3}\tau^3 \tag{6.18}$$

可知：τ 为第一次与最后一次观测的时间间隔。

将式（6.15d）和式（6.18）代入式（6.14a），可得

$$c_1 \approx \frac{\tau_3 - \frac{1}{6}\frac{\mu}{r_2^3}\tau_3^3}{\tau - \frac{1}{6}\frac{\mu}{r_2^3}\tau^3} = \frac{\tau_3}{\tau}\left(1 - \frac{1}{6}\frac{\mu}{r_2^3}\tau_3^2\right)\cdot\left(1 - \frac{1}{6}\frac{\mu}{r_2^3}\tau^2\right)^{-1} \tag{6.19}$$

用二项式定理来化简（线性化）该式右边的最后一项，可得

$$\left(1 - \frac{1}{6}\frac{\mu}{r_2^3}\tau^2\right)^{-1} \approx 1 + \frac{1}{6}\frac{\mu}{r_2^3}\tau^2$$

因此，式（6.19）可写为

$$c_1 \approx \frac{\tau_3}{\tau}\left[1 + \frac{1}{6}\frac{\mu}{r_2^3}(\tau^2 - \tau_3^2)\right] \tag{6.20a}$$

此处只保留了时间的二次方项。同样，可得

$$c_3 \approx -\frac{\tau_1}{\tau}\left[1 + \frac{1}{6}\frac{\mu}{r_2^3}(\tau^2 - \tau_1^2)\right] \tag{6.20b}$$

至此，便得到了式（6.2）中系数的近似表达式，它只与两次观测的时间间隔以及未知的在 t_2 时刻的距引力中心的距离 r_2 相关。

接下来，用 c_1 和 c_3 表示斜距 ρ_1、ρ_2 和 ρ_3。为此，将式（6.1）代入式（6.2），可得

$$\boldsymbol{R}_2 + \rho_2\hat{\boldsymbol{\rho}}_2 = c_1(\boldsymbol{R}_1 + \rho_1\hat{\boldsymbol{\rho}}_1) + c_3(\boldsymbol{R}_3 + \rho_3\hat{\boldsymbol{\rho}}_3) \tag{6.21a}$$

整理后，可得

$$c_1\rho_1\hat{\boldsymbol{\rho}}_1 - \rho_2\hat{\boldsymbol{\rho}}_2 + c_3\rho_3\hat{\boldsymbol{\rho}}_3 = -c_1\boldsymbol{R}_1 + \boldsymbol{R}_2 - c_3\boldsymbol{R}_3 \tag{6.21b}$$

将此方程与适当的矢量作点乘，依次将 ρ_1、ρ_2 和 ρ_3 分离。对于 ρ_1，可将式（6.21b）与 $\hat{\boldsymbol{\rho}}_2 \times \hat{\boldsymbol{\rho}}_3$ 点乘，可得

$$c_1\rho_1\hat{\boldsymbol{\rho}}_1\cdot(\hat{\boldsymbol{\rho}}_2\times\hat{\boldsymbol{\rho}}_3) - \rho_2\hat{\boldsymbol{\rho}}_2\cdot(\hat{\boldsymbol{\rho}}_2\times\hat{\boldsymbol{\rho}}_3) + c_3\rho_3\hat{\boldsymbol{\rho}}_3\cdot(\hat{\boldsymbol{\rho}}_2\times\hat{\boldsymbol{\rho}}_3)$$
$$= -c_1\boldsymbol{R}_1\cdot(\hat{\boldsymbol{\rho}}_2\times\hat{\boldsymbol{\rho}}_3) + \boldsymbol{R}_2\cdot(\hat{\boldsymbol{\rho}}_2\times\hat{\boldsymbol{\rho}}_3) - c_3\boldsymbol{R}_3\cdot(\hat{\boldsymbol{\rho}}_2\times\hat{\boldsymbol{\rho}}_3) \tag{6.22}$$

由于 $\hat{\boldsymbol{\rho}}_2\cdot(\hat{\boldsymbol{\rho}}_2\times\hat{\boldsymbol{\rho}}_3) = \hat{\boldsymbol{\rho}}_3\cdot(\hat{\boldsymbol{\rho}}_2\times\hat{\boldsymbol{\rho}}_3) = 0$，因此式（6.22）可简化为

$$c_1\rho_1\hat{\boldsymbol{\rho}}_1\cdot(\hat{\boldsymbol{\rho}}_2\times\hat{\boldsymbol{\rho}}_3) = (-c_1\boldsymbol{R}_1 + \boldsymbol{R}_2 - c_3\boldsymbol{R}_3)\cdot(\hat{\boldsymbol{\rho}}_2\times\hat{\boldsymbol{\rho}}_3) \tag{6.23}$$

令 $D_0 = \hat{\boldsymbol{\rho}}_1\cdot(\hat{\boldsymbol{\rho}}_2\times\hat{\boldsymbol{\rho}}_3)$，假定这意味着 $\hat{\boldsymbol{\rho}}_1$、$\hat{\boldsymbol{\rho}}_2$ 和 $\hat{\boldsymbol{\rho}}_3$ 不位于同一平面内。从式（6.23）中解出 ρ_1，即

$$\rho_1 = \frac{1}{D_0}\left(-D_{11} + \frac{1}{c_1}D_{21} - \frac{c_3}{c_1}D_{31}\right) \tag{6.24a}$$

式中，

$$D_{11} = \boldsymbol{R}_1\cdot(\hat{\boldsymbol{\rho}}_2\times\hat{\boldsymbol{\rho}}_3),\quad D_{21} = \boldsymbol{R}_2\cdot(\hat{\boldsymbol{\rho}}_2\times\hat{\boldsymbol{\rho}}_3),\quad D_{31} = \boldsymbol{R}_3\cdot(\hat{\boldsymbol{\rho}}_2\times\hat{\boldsymbol{\rho}}_3) \tag{6.24b}$$

与此类似，将式（6.21）分别与 $\hat{\boldsymbol{\rho}}_1\times\hat{\boldsymbol{\rho}}_3$ 和 $\hat{\boldsymbol{\rho}}_1\times\hat{\boldsymbol{\rho}}_2$ 点乘，可得 ρ_2 和 ρ_3 为

$$\rho_2 = \frac{1}{D_0}(-c_1D_{12} + D_{22} - c_3D_{32}) \tag{6.25a}$$

式中,

$$D_{12} = \boldsymbol{R}_1 \cdot (\hat{\boldsymbol{\rho}}_1 \times \hat{\boldsymbol{\rho}}_3), \quad D_{22} = \boldsymbol{R}_2 \cdot (\hat{\boldsymbol{\rho}}_1 \times \hat{\boldsymbol{\rho}}_3), \quad D_{32} = \boldsymbol{R}_3 \cdot (\hat{\boldsymbol{\rho}}_1 \times \hat{\boldsymbol{\rho}}_3) \tag{6.25b}$$

及

$$\rho_3 = \frac{1}{D_0} \left(-\frac{c_1}{c_3} D_{13} + \frac{1}{c_3} D_{23} - D_{33} \right) \tag{6.26a}$$

式中,

$$D_{13} = \boldsymbol{R}_1 \cdot (\hat{\boldsymbol{\rho}}_1 \times \hat{\boldsymbol{\rho}}_2), \quad D_{23} = \boldsymbol{R}_2 \cdot (\hat{\boldsymbol{\rho}}_1 \times \hat{\boldsymbol{\rho}}_2), \quad D_{33} = \boldsymbol{R}_3 \cdot (\hat{\boldsymbol{\rho}}_1 \times \hat{\boldsymbol{\rho}}_2) \tag{6.26b}$$

推导上述结论过程利用了 $\hat{\boldsymbol{\rho}}_2 \cdot (\hat{\boldsymbol{\rho}}_1 \times \hat{\boldsymbol{\rho}}_3) = -D_0$ 和 $\hat{\boldsymbol{\rho}}_3 \cdot (\hat{\boldsymbol{\rho}}_1 \times \hat{\boldsymbol{\rho}}_2) = D_0$。

将式 (6.20a) 和式 (6.20b) 代入式 (6.25a),可得近似的斜距 ρ_2:

$$\rho_2 = A + \frac{\mu B}{r_2^3} \tag{6.27a}$$

式中,

$$A = \frac{1}{D_0} \left(-D_{12} \frac{\tau_3}{\tau} + D_{22} + D_{32} \frac{\tau_1}{\tau} \right) \tag{6.27b}$$

$$B = \frac{1}{6D_0} \left(D_{12} (\tau_3^2 - \tau^2) \frac{\tau_3}{\tau} + D_{32} (\tau^2 - \tau_1^2) \frac{\tau_1}{\tau} \right) \tag{6.27c}$$

另一方面,对式 (6.24) 和式 (6.26) 作同样代换,可得斜距 ρ_1 和 ρ_3 的近似值:

$$\rho_1 = \frac{1}{D_0} \left(\frac{6 \left(D_{31} \frac{\tau_1}{\tau_3} + D_{21} \frac{\tau}{\tau_3} \right) r_2^3 + \mu D_{31} (\tau^2 - \tau_1^2) \frac{\tau_1}{\tau_3}}{6 r_2^3 + \mu (\tau^2 - \tau_3^2)} - D_{11} \right) \tag{6.28}$$

$$\rho_3 = \frac{1}{D_0} \left(\frac{6 \left(D_{13} \frac{\tau_3}{\tau_1} + D_{23} \frac{\tau}{\tau_1} \right) r_2^3 + \mu D_{13} (\tau^2 - \tau_3^2) \frac{\tau_3}{\tau_1}}{6 r_2^3 + \mu (\tau^2 - \tau_3^2)} - D_{33} \right) \tag{6.29}$$

式 (6.27a) 为斜距 ρ_2 和地心半径 r_2 之间的关系式。关于这两个变量的另一个关系式可由式 (6.1) 求得

$$\boldsymbol{r}_2 \cdot \boldsymbol{r}_2 = (\boldsymbol{R}_2 + \rho_2 \hat{\boldsymbol{\rho}}_2) \cdot (\boldsymbol{R}_2 + \rho_2 \hat{\boldsymbol{\rho}}_2) \tag{6.30a}$$

或

$$r_2^2 = \rho_2^2 + 2E\rho_2 + R_2^2 \tag{6.30b}$$

式中,

$$E = \boldsymbol{R}_2 \cdot \hat{\boldsymbol{\rho}}_2 \tag{6.30c}$$

将式 (6.27a) 代入式 (6.30b),可得

$$r_2^2 = \left(A + \frac{\mu B}{r_2^3} \right)^2 + 2C \left(A + \frac{\mu B}{r_2^3} \right) + R_2^2 \tag{6.31}$$

展开后合并同类项,可得一个 8 次方程:

$$x^8 + ax^6 + bx^3 + c = 0 \tag{6.32}$$

其中 $x = r_2$, 系数分别为

$$a = -(A^2 + 2AE + R_2^2), \quad b = -2\mu B(A + E), \quad c = -\mu^2 B^2 \tag{6.33}$$

从式 (6.31) 中解出 r_2 并将结果代入式 (6.27)~式(6.29),可得斜距 ρ_1、ρ_2 和 ρ_3。然后

由式（6.1）可得到位置矢量 r_1、r_2 和 r_3。其中，r_2 正是我们所要求的量。

我们还要求出另一个量——速度 v_2。从式（6.3a）中解出 r_2：

$$r_2 = \frac{1}{f_1}r_1 - \frac{g_1}{f_1}v_2 \qquad (6.34)$$

将此结果代入式（6.3b），可得

$$r_3 = \frac{f_3}{f_1}r_1 + \left(\frac{f_1 g_3 - f_3 g_1}{f_1}\right)v_2 \qquad (6.35)$$

由此解出 v_2 为

$$v_2 = \frac{1}{f_1 g_3 - f_3 g_1}(-f_3 r_1 + f_1 r_3) \qquad (6.36)$$

这里利用了近似拉格朗日系数的计算公式。

我们所求的近似值 r_2 和 v_2 被用作迭代的初始值，通过迭代运算不断提高 r_2 和 v_2 的精度，直至解收敛。

三、实验内容

北纬60°，高度500 m处的观测站获得的观测数据如表6.1所示。

表6.1　观测数据

时间/min	当地恒星时/(°)	观测站赤经/(°)	观测站赤纬/(°)
0.0	150	157.783	24.2403
5.0	151.253	159.221	27.2993
10.0	152.507	160.526	29.8982

（1）利用高斯法（不涉及迭代改进提高精度），计算中间观测时刻卫星的状态矢量。

（2）利用迭代改进法对上题所得结果进行修正。

（3）根据上题所得的状态矢量计算轨道根数。

第7章

近地航天器变轨机动仿真

一、实验目的

（1）进一步掌握航天器轨道机动的基本理论和方法，通过设计动态仿真界面使学生可以方便地调整机动参数，实时观察对应的变轨机动效果，建立有效的变轨机动设计思路和直觉。

（2）利用仿真软件编写轨道机动速度增量的计算程序，通过三维显示系统展示其轨道机动效果，理解轨道机动的动力学原理。

二、实验要求

（1）完成课堂习题的算法设计和程序设计并上机调试通过。

（2）撰写实验报告，提供实验结果和数据。

（3）分析算法，给出具体的算法分析结果，并简要给出算法设计小结和心得。

三、实验原理

轨道机动（变轨）是使航天器从一个轨道转移到另一个轨道上。变轨可以是较大的轨道变换，如从一个较低的停泊轨道转移到行星际轨道；也可以是非常小的调整，如航天器在交会时最后阶段的调整。变轨需要在轨火箭发动机点火提供动力。本实验的可视化仅涉及脉冲机动，即在相对较短的瞬间产生所需的速度增量，从而完成航天器速度大小以及方向的改变。轨道机动的关键是确定速度增量施加的时刻及其大小和方向，这几个因素都会对变轨机动后的轨道产生显著影响。

基于 Mathematica 软件的交互式平台，在二体轨道可视化的基础上，通过在某一点实施速度的改变来实现二体问题变轨的可视化。

Mathematica 程序的主要构建过程如下：

第 1 步，根据给定的初始条件，先绘制变轨前的轨迹，然后在变轨的 t 时刻，改变原来 t 时刻的状态，以改变后的 t 时刻的状态作为变轨后轨道的初始状态再绘制轨迹。t 时刻状态的改变及变轨后轨迹的计算代码如下：

```
a2 = {x[t0],y[t0],z[t0],vx[t0] + v1,vy[t0] + v2,vz[t0] + v3}/. a0[[1]];
at1 = NDSolve[{x'[t] == vx[t],y'[t] == vy[t],z'[t] == vz[t],
```

$$vx'[t] == -\frac{x[t]}{(x[t]^2 + y[t]^2 + z[t]^2)^{3/2}}, vy'[t] == -\frac{y[t]}{(x[t]^2 + y[t]^2 + z[t]^2)^{3/2}}, vz'[t] ==$$

$$-\frac{z[t]}{(x[t]^2 + y[t]^2 + z[t]^2)^{3/2}},$$

```
x[0] == a2[[1]],y[0] == a2[[2]],z[0] == a2[[3]],vx[0] == a2[[4]],vy[0] == a2[[5]],vz[0]
== a2[[6]]},
{x,y,z,vx,vy,vz},{t,0,40}]
```

第 2 步，调用箭头绘制的指令，绘制指定变轨位置和变轨加速度方向的箭头。关键代码如下：

```
Graphics3D[{Orange,Thick,Arrow[{{x[t0],y[t0],z[t0]}/. a0[[1]],
Normalize[{0,0,0}]0.02}],Red,Arrow[{{x[t0],y[t0],z[t0]}/. a0[[1]],
({x[t0],y[t0],z[t0]}/. a0[[1]]) + Normalize[{v1,v2,v3}]}]}]
```

第 3 步，调用 Show 指令，将变轨前后及指示箭头组合，并实现交互可视化。关键代码如下：

```
Manipulate[Show[ParametricPlot3D[{x[t],y[t],z[t]}/. at1[[1]],{t,0,tt},
PlotStyle→{RGBColor[0,1.5,0],Dashed,Thick}],
ParametricPlot3D[{x[t],y[t],z[t]}/. a0[[1]],{t,0,t0},PlotStyle→{RGBColor[0.8,0,1.5],
Dashed,Thick}],
Graphics3D[{Orange,Thick,Arrow[{{x[t0],y[t0],z[t0]}/. a0[[1]],Normalize[{0,0,0}]
0.02}],
Red,Arrow[{{x[t0],y[t0],z[t0]}/. a0[[1]],({x[t0],y[t0],z[t0]}/. a0[[1]]) + Normalize[{v1,v2,
v3}]}]}],
PlotRange→All]),{tt,1,40},{{v1,0},-4,4},{{v2,0},-4,4},{{v3,0},-4,4},{t0,0.1,20}]
```

四、实验内容

本实验是航天器的轨道机动仿真实验，学生利用 Mathematica 仿真软件编写轨道机动速度增量的计算程序，然后，通过三维显示系统展示其轨道机动效果，验证所设计算法的正确性和性能。

（1）给定一组初始轨道参数，在二体轨道可视化的基础上，在指定时刻（$t = 10$）施加一个速度增量，使轨道速度增加20%，仿真整个变轨机动飞行过程。

（2）在仿真控制界面中增加可调节机动速度增量大小的功能，通过滑块控件可调整机动速度增量的大小，实时仿真对比变轨前后的轨道变化情况。

（3）在仿真控制界面中增加可调节机动时间的功能，通过滑块可调整机动时间。

（4）设计由 200 km 停泊轨道飞向 GEO 轨道的霍曼转移轨道，并使用 Manipulate 函数动态调整时间 t，仿真整个飞行过程（包括停泊轨道飞行段，转移轨道飞行段、GEO 轨道飞行段）。

五、实验结果

实验结果如图 7.1 所示。图中的紫色部分轨道代表机动前的轨道，绿色部分轨道代表机动后的轨道，红色箭头表示机动方向，黄色箭头表示相对圆心的机动位置。通过该互动仿真界面，可以对仿真时间（对应滑块控件 tt）、机动速度增量矢量（对应滑块控件 v1、v2、v3）以及机动时刻（对应滑块控件 t0）等参数进行分别调整，并实时计算和显示轨道仿真结果。

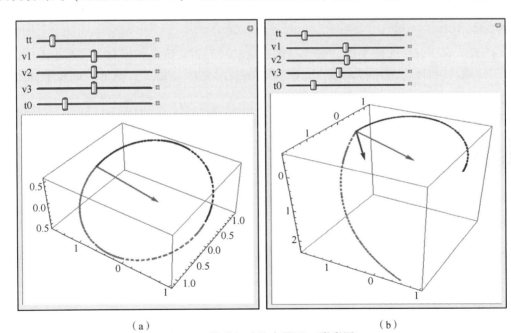

（a）　　　　　　　　　　　　　　　　（b）

图 7.1　轨道机动仿真界面（附彩图）

（a）变轨之前的航天器轨道构型；（b）变轨之后的航天器轨道构型

图 7.1（a）所示为未发生变轨的结果，可以看出两条轨道重合，而且两个箭头也是重合的，再次说明了前后两轨道是重合的；图 7.1（b）则展示了发生变轨的结果，当在轨火箭在黄色箭头所在位置给航天器施加一个红色箭头所指方向的速度时，轨道发生变化。实验中，可以给航天器在任意时刻、任意位置施加任意的速度矢量，这也充分展示了软件仿真的灵活性和交互式接口的简明性。

第 8 章

航天器相对运动轨道设计

一、实验目的

通过实验理解轨道绝对运动和相对运动的概念，掌握绝对轨道和相对轨道的设计方法。

二、实验要求

通过实验掌握：主星绝对运动方程的求解及三维轨迹的绘制；相对运动方程的求解；相对运动轨道的设计。

（1）根据 600 m 空间圆半径，推导两颗卫星之间的相对位置和相对速度初始条件。

（2）根据相对位置和相对速度，并结合主星的绝对位置和绝对速度，推导伴随星的绝对位置和绝对速度。

（3）根据伴随星的绝对位置和绝对速度，推导伴随星的轨道根数。

三、实验原理

研究航天器间的相对运动，首先要建立相对运动动力学方程。

相对运动通常包括一个目标航天器和一个追踪航天器。图 8.1 给出了绕地球轨道上的两个航天器。目标航天器 A 的惯性位置矢量为 $\boldsymbol{r}_0$，追踪航天器 B 的位置矢量为 $\boldsymbol{r}$，追踪航天器相对于目标航天器的位置矢量为 $\delta\boldsymbol{r}$，即

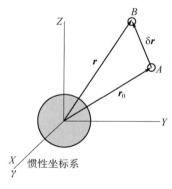

图 8.1　追踪航天器 B 相对于目标航天器 A 的位置

$$\boldsymbol{r} = \boldsymbol{r}_0 + \boldsymbol{r}_{相对} \tag{8.1}$$

相对速度为

$$\boldsymbol{v}_B = \boldsymbol{v}_A + \boldsymbol{\Omega} \times \boldsymbol{r}_{相对} + \boldsymbol{v}_{相对} \tag{8.2}$$

式中，$\boldsymbol{r}_{相对}$，$\boldsymbol{v}_{相对}$——分别为航天器 B 相对于固联于航天器 A 的运动坐标系 xyz 的位置矢量和速度矢量。

相对加速度公式为[1]

$$\boldsymbol{a}_B = \boldsymbol{a}_A + \dot{\boldsymbol{\Omega}} \times \boldsymbol{r}_{相对} + \boldsymbol{\Omega} \times (\boldsymbol{\Omega} \times \boldsymbol{r}_{相对}) + 2\boldsymbol{\Omega} \times \boldsymbol{v}_{相对} + \boldsymbol{a}_{相对} \tag{8.3}$$

这里，在 C - W 运动坐标系（图8.2）中可将相对位置、相对速度和相对加速度分别表示如下：

$$\delta\boldsymbol{r} = \delta x\hat{\boldsymbol{i}} + \delta y\hat{\boldsymbol{j}} + \delta z\hat{\boldsymbol{k}} \tag{8.4a}$$

$$\delta\boldsymbol{v}_{相对} = \delta\dot{x}\hat{\boldsymbol{i}} + \delta\dot{y}\hat{\boldsymbol{j}} + \delta\dot{z}\hat{\boldsymbol{k}} \tag{8.4b}$$

$$\delta\boldsymbol{a}_{相对} = \delta\ddot{x}\hat{\boldsymbol{i}} + \delta\ddot{y}\hat{\boldsymbol{j}} + \delta\ddot{z}\hat{\boldsymbol{k}} \tag{8.4c}$$

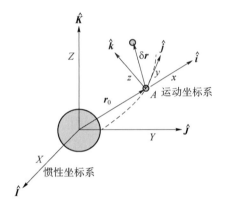

图 8.2 C - W 运动坐标系

简单起见，我们此时设目标航天器 A 的运行轨道为圆（对于低地轨道的空间站，此假设显然成立）。因此 $\dot{\boldsymbol{\Omega}} = 0$，此时可得

$$\delta\ddot{\boldsymbol{r}} = \boldsymbol{\Omega} \times (\boldsymbol{\Omega} \times \delta\boldsymbol{r}) + 2\boldsymbol{\Omega} \times \delta\boldsymbol{v}_{相对} + \delta\boldsymbol{a}_{相对} \tag{8.5}$$

对右边第一项运用矢量运算法则，可得

$$\delta\ddot{\boldsymbol{r}} = \boldsymbol{\Omega}(\boldsymbol{\Omega} \cdot \delta\boldsymbol{r}) - \Omega^2\delta\boldsymbol{r} + 2\boldsymbol{\Omega} \times \delta\boldsymbol{v}_{相对} + \delta\boldsymbol{a}_{相对} \tag{8.6}$$

由于航天器 A 的轨道为圆，因此可将角速度写为

$$\boldsymbol{\Omega} = n\hat{\boldsymbol{k}} \tag{8.7}$$

式中，n——平均角速度，为常量。

因此，

$$\boldsymbol{\Omega} \cdot \delta\boldsymbol{r} = n\hat{\boldsymbol{k}} \cdot (\delta x\hat{\boldsymbol{i}} + \delta y\hat{\boldsymbol{j}} + \delta z\hat{\boldsymbol{k}}) = n\delta z \tag{8.8}$$

以及

$$\boldsymbol{\Omega} \times \delta\boldsymbol{v}_{相对} = n\hat{\boldsymbol{k}} \times (\delta\dot{x}\hat{\boldsymbol{i}} + \delta\dot{y}\hat{\boldsymbol{j}} + \delta\dot{z}\hat{\boldsymbol{k}}) = -n\delta\dot{y}\hat{\boldsymbol{i}} + n\delta\dot{x}\hat{\boldsymbol{j}} \tag{8.9}$$

将式（8.7）~式（8.9）、式（8.5）一起代入式（8.6），可得

$$\delta\ddot{\boldsymbol{r}} = n\hat{\boldsymbol{k}}(n\delta z) - n^2(\delta x\hat{\boldsymbol{i}} + \delta y\hat{\boldsymbol{j}} + \delta z\hat{\boldsymbol{k}}) + 2(-n\delta\dot{y}\hat{\boldsymbol{i}} + n\delta\dot{x}\hat{\boldsymbol{j}}) + \delta\ddot{x}\hat{\boldsymbol{i}} + \delta\ddot{y}\hat{\boldsymbol{j}} + \delta\ddot{z}\hat{\boldsymbol{k}} \tag{8.10}$$

最后，合并同类项可得

$$\delta\ddot{\boldsymbol{r}} = (-n^2\delta x - 2n\delta\dot{y} + \delta\ddot{x})\hat{\boldsymbol{i}} + (-n^2\delta y + 2n\delta\dot{x} + \delta\ddot{y})\hat{\boldsymbol{j}} + \delta\ddot{z}\hat{\boldsymbol{k}} \tag{8.11}$$

式（8.11）给出了追踪航天器相对加速度矢量在运动坐标系中的各分量。

由于 A 的轨道为圆轨道，其平均角速度 n 为

$$n = \frac{v}{r_0} = \frac{1}{r_0}\sqrt{\frac{\mu}{r_0}} = \sqrt{\frac{\mu}{r_0^3}} \tag{8.12}$$

因此，

$$\frac{\mu}{r_0^3} = n^2 \tag{8.13}$$

由式（8.2）和式（8.4a），可得

$$\boldsymbol{r}_0 \cdot \delta\boldsymbol{r} = (r_0\hat{\boldsymbol{i}}) \cdot (\delta x\hat{\boldsymbol{i}} + \delta y\hat{\boldsymbol{j}} + \delta z\hat{\boldsymbol{k}}) = r_0\delta x \tag{8.14}$$

由式（8.4a）、式（8.11）和式（8.12），可得

$$\delta\ddot{\boldsymbol{r}} = -n^2\left[\delta x\hat{\boldsymbol{i}} + \delta y\hat{\boldsymbol{j}} + \delta z\hat{\boldsymbol{k}} - \frac{3}{r_0^2}(r_0\delta x)r_0\hat{\boldsymbol{i}}\right]$$

$$= 2n^2\delta x\hat{\boldsymbol{i}} - n^2\delta y\hat{\boldsymbol{j}} - n^2\delta z\hat{\boldsymbol{k}} \tag{8.15}$$

结合式（8.11）（运动学关系）和式（8.15）（运动方程），可得

$$(-n^2\delta x - 2n\delta\dot{y} + \delta\ddot{x})\hat{\boldsymbol{i}} + (-n^2\delta y + 2n\delta\dot{x} + \delta\ddot{y})\hat{\boldsymbol{j}} + \delta\ddot{z}\hat{\boldsymbol{k}} = 2n^2\delta x\hat{\boldsymbol{i}} - n^2\delta y\hat{\boldsymbol{j}} - n^2\delta z\hat{\boldsymbol{k}} \tag{8.16}$$

合并同类项后，可得

$$(\delta\ddot{x} - 3n^2\delta x - 2n\delta\dot{y})\hat{\boldsymbol{i}} + (\delta\ddot{y} + 2n\delta\dot{x})\hat{\boldsymbol{j}} + (\delta\ddot{z} + n^2\delta z)\hat{\boldsymbol{k}} = 0 \tag{8.17}$$

即

$$\begin{cases} \delta\ddot{x} - 3n^2\delta x - 2n\delta\dot{y} = 0 \\ \delta\ddot{y} + 2n\delta\dot{x} = 0 \\ \delta\ddot{z} + n^2\delta z = 0 \end{cases} \tag{8.18}$$

这就是 Clohessy – Wiltshire（C – W）方程，对应 C – W 方程的运动坐标系称为 Clohessy – Wiltshire 坐标系（或 CW 坐标系）。式（8.18）为一组耦合的二阶常系数微分方程，其初始条件为

$$\begin{cases} t = 0, \delta x = \delta x_0, \delta y = \delta y_0, \delta z = \delta z_0 \\ \delta\dot{x} = \delta\dot{x}_0, \delta\dot{y} = \delta\dot{y}_0, \delta\dot{z} = \delta\dot{z}_0 \end{cases} \tag{8.19}$$

C – W 方程的解析解可写为如下形式：

$$
\begin{cases}
\delta x = (4 - 3\cos nt)\delta x_0 + \dfrac{\sin nt}{n}\delta u_0 + \dfrac{2}{n}(1 - \cos nt)\delta v_0 \\[2mm]
\delta y = 6(\sin nt - nt)\delta x_0 + \delta y_0 + \dfrac{2}{n}(\cos nt - 1)\delta u_0 + \dfrac{1}{n}(4\sin nt - 3nt)\delta v_0 \\[2mm]
\delta z = \cos nt\delta z_0 + \dfrac{1}{n}\sin nt\delta w_0 \\[2mm]
\delta u = 3n\sin nt\delta x_0 + \cos nt\delta u_0 + 2\sin nt\delta v_0 \\[2mm]
\delta v = 6n(\cos nt - 1)\delta x_0 - 2\sin nt\delta u_0 + (4\cos nt - 3)\delta v_0 \\[2mm]
\delta w = -n\sin nt\delta z_0 + \cos nt\delta w_0
\end{cases}
\tag{8.20}
$$

由式（8.20）可以看出，相对运动可分解为 xy 平面和 z 方向的两个相互独立运动，且 z 方向为周期为 $2\pi/n$ 的振荡运动。由于 x、y 方向运动的耦合性，因此可以通过数学变换消去方程中的 t 以获得如下的椭圆方程[7]：

$$
\frac{\left(\delta y - \delta y_{c0} + \dfrac{3}{2}\delta x_{c0}nt\right)^2}{(2b)^2} + \frac{(\delta x - \delta x_{c0})^2}{b^2} = 1
\tag{8.21}
$$

式中，

$$
\delta x_{c0} = 4\delta x_0 + 2\frac{\delta \dot{y}_0}{n}
\tag{8.22}
$$

$$
\delta y_{c0} = \delta y_0 - 2\frac{\delta \dot{x}_0}{n}
\tag{8.23}
$$

$$
b = \sqrt{\left(2\frac{\delta \dot{y}_0}{n} + 3\delta x_0\right)^2 + \left(\frac{\delta \dot{x}_0}{n}\right)^2}
\tag{8.24}
$$

从式中可以看出，只有满足 $\delta x_{c0} = 0$ 时，相对运动轨迹才能形成封闭的椭圆轨迹，因此可以得出伴随飞行的必要条件是

$$
\delta \dot{y}_0 = -2n\delta x_0
\tag{8.25}
$$

在进一步满足 $\delta y_{c0} = 0$ 的情况下，便可以实现以参考航天器为中心的封闭椭圆轨迹，即伴随航天器环绕参考航天器运动。将这种情况下的伴随航天器称为环绕航天器。此时，可以得出环绕飞行的必要条件为

$$
\begin{cases}
\delta y_0 = 2\dfrac{\delta \dot{x}_0}{n} \\[3mm]
\delta \dot{y}_0 = -2n\delta x_0
\end{cases}
\tag{8.26}
$$

利用伴随飞行和环绕飞行的约束条件，式（8.18）的解可变为

$$\begin{cases} \delta x = \dfrac{\delta \dot{x}_0}{n}\sin nt + \delta x_0 \cos nt \\\\ \delta y = -2\delta x_0 \sin nt + \dfrac{2}{n}\delta \dot{x}_0 \cos nt \\\\ \delta z = \dfrac{\delta \dot{z}_0}{n}\sin nt + \delta z_0 \cos nt \end{cases} \qquad (8.27)$$

$$\begin{cases} \delta \dot{x} = -n\delta x_0 \sin nt + \delta \dot{x}_0 \cos nt \\\\ \delta \dot{y} = -2\delta \dot{x}_0 \sin nt - 2n\delta x_0 \cos nt \\\\ \delta \dot{z} = -n\delta z_0 \sin nt + \delta \dot{z}_0 \cos nt \end{cases} \qquad (8.28)$$

求解相对运动的初始条件即求解六个参数，需要六个约束条件。对于伴随飞行，初始条件要满足式（8.25），即已经给定一个约束条件，环绕飞行要满足式（8.26），即已经给定两个约束条件，而剩下的约束条件将根据具体的轨道构型确定，通过足够的约束条件结合相对运动动力学方程便可以求解出相对运动初始条件，在参考航天器初始轨道位置矢量及速度矢量已知的情况下，便可解算出伴随航天器的初始轨道位置矢量和速度矢量，获得其绝对运行轨道，从而实现卫星编队。常用的编队飞行方式有串行编队、沿航向编队、空间圆编队、水平圆编队等。

对于空间圆编队，要求参考航天器与伴随航天器在空间保持固定的距离 d，即给定一个约束条件：

$$\delta x^2 + \delta y^2 + \delta z^2 = d^2 \qquad (8.29)$$

利用该约束条件，并结合式（8.27）和式（8.28）整理可得

$$(3\delta \dot{x}^2 + n^2 \delta z^2)(\delta z^2 - 3\delta x^2) = 0 \qquad (8.30)$$

由于当 $(3\delta \dot{x}^2 + n^2 \delta z^2) = 0$ 时，所有初始条件均为 0，故必须为 $(\delta z^2 - 3\delta x^2) = 0$，可得

$$\begin{cases} \delta z = \pm\sqrt{3}\,\delta x \\\\ \delta \dot{z} = \pm\sqrt{3}\,\delta \dot{x} \end{cases} \qquad (8.31)$$

这表明空间圆编队轨道在 xz 平面上的投影为直线，即空间圆轨迹平面垂直于 xz 平面，而与 xy 平面所成的角度为 $30°$ 或 $-30°$，其分别对应 "+" "−"。选取倾斜 $30°$ 的情况，则式（8.18）的解为

$$\begin{cases} \delta x = \dfrac{\delta \dot{x}_0}{n}\sin nt + \delta x_0 \cos nt \\\\ \delta y = -2\delta x_0 \sin nt + \dfrac{2}{n}\delta \dot{x}_0 \cos nt \\\\ \delta z = \dfrac{\sqrt{3}\,\delta \dot{x}_0}{n}\sin nt + \sqrt{3}\,\delta x_0 \cos nt \end{cases} \qquad (8.32)$$

$$\begin{cases} \delta\dot{x} = -n\delta x_0 \sin nt + \delta\dot{x}_0 \cos nt \\ \delta\dot{y} = -2\delta\dot{x}_0 \sin nt - 2n\delta x_0 \cos nt \\ \delta\dot{z} = -\sqrt{3}n\delta x_0 \sin nt + \sqrt{3}\delta\dot{x}_0 \cos nt \end{cases} \tag{8.33}$$

可以看出，空间圆编队仅有两个自由度——初始条件参数 δx、$\delta\dot{x}$，即只要给定这两个参数便可获得全部初始条件。结合式（8.29）、式（8.31）、式（8.32），可得

$$\frac{d}{2} = \sqrt{\frac{\delta\dot{x}_0^2}{n^2} + \delta x_0^2} \tag{8.34}$$

$$\delta x = \frac{d}{2}\left(\frac{\frac{\delta\dot{x}_0}{n}}{\sqrt{\frac{\delta\dot{x}_0^2}{n^2} + \delta x_0^2}}\sin nt + \frac{\delta x_0}{\sqrt{\frac{\delta\dot{x}_0^2}{n^2} + \delta x_0^2}}\cos nt \right) = \frac{d}{2}\cos(nt + \lambda) \tag{8.35}$$

初始条件参数 δx、$\delta\dot{x}$ 可以利用空间圆半径 r 和初始相位 λ 表示：

$$\delta x_0 = \frac{d}{2}\cos \lambda \tag{8.36}$$

$$\delta\dot{x}_0 = -\frac{nd}{2}\sin \lambda \tag{8.37}$$

即给定空间圆半径 d 和初始相位 λ，便可获得全部初始条件参数：

$$\begin{cases} \delta x_0 = \frac{d}{2}\cos \theta \\ \delta\dot{x}_0 = -\frac{nd}{2}\sin \theta \\ \delta y_0 = 2\frac{\delta\dot{x}_0}{n} \\ \delta\dot{y}_0 = -2n\delta x_0 \\ \delta z_0 = \sqrt{3}\delta x_0 \\ \delta\dot{z}_0 = \sqrt{3}\delta\dot{x}_0 \end{cases} \tag{8.38}$$

由此，可实现空间圆编队。

四、实验内容

卫星在惯性坐标系下的初始状态如下：

$$\boldsymbol{r}_0 = \begin{bmatrix} -6311227.13644808 \\ -1112839.62553522 \\ 3700000 \end{bmatrix}(\text{m})$$

$$\boldsymbol{v}_0 = \begin{bmatrix} 1274.45143229237 \\ -7227.77323794544 \\ 2.24700438581515 \times 10^{-13} \end{bmatrix}(\text{m/s})$$

（1）利用 MATLAB 解微分方程 $\ddot{r} = -\dfrac{\mu}{r^3}r$，求解卫星的运行轨迹，画出三维轨迹图。

（2）利用位置速度与轨道根数之间的转换关系，求解一个周期的卫星的位置、速度，画出位置三维轨迹图。

（3）将上述卫星的轨道作为主星轨道，利用卫星相对运动知识，计算能够与主星构成 600 m 空间圆编队的伴随星的轨道根数，并画出两颗卫星的三维轨迹图，以及两颗卫星相对运动的三维轨迹图。

第 9 章

航天器行星际轨道设计

一、实验目的

（1）了解大行星的星历计算方法。

（2）掌握航天器经大行星引力加速的过程。

（3）能够应用兰伯特问题解决实际问题。

二、实验原理

为了设计切实可行的行星际太空任务，我们必须确定给定时刻的行星状态矢量。本设计采用表 3.12 所列的行星轨道根数及其世纪变化率，该表涵盖的时间为 1800—2050 年，且精度足够符合本次设计使用需求。已知轨道根数，就可以推算出行星的状态矢量。步骤如下：

第 1 步，计算 2023—2033 年的大行星的星历。将 2023—2033 年按照等间隔离散，如以 30 为间隔离散化。将飞行时间（0~2 年）离散化，利用兰伯特问题求解航天器飞出地球影响球时的日心速度，进而计算该处的特征能量函数。利用此部分数据，可以画出 Pork-Chop 发射能量等高线图。选取发射能量最小的轨道。

第 2 步，利用行星飞越知识计算引力辅助后的速度。

第 3 步，利用火星和金星的位置矢量求解规定时间内从金星到达火星的兰伯特问题，得到一个所需的航天器离开金星的日心速度，然后比较该理想的航天器日心速度与第 2 步的借力后的速度是否匹配，若不匹配则重新寻找匹配的轨道。

三、实验内容

以二体问题为模型，从地球发射航天器探索火星，途中需经过一次无动力金星借力，寻找最优（总速度增量最小）的发射时间窗口和飞行时间，并绘制地球到金星的 Pork-Chop 发射能量等高线图。发射时间窗口为 2023—2033 年，总飞行时间不得大于 2 年。

四、扩展思考

（1）在整个轨道设计过程中，我们能控制的变量有哪些？哪些变量是我们无法控制，而由探测目标直接决定的？

（2）为什么选择金星进行引力辅助？这种方法有什么优缺点？

第 10 章

二体问题意义下航天器轨道的数值解法和动态仿真

一、实验目的

（1）掌握地球附近引力场的基本特性，建立航天器轨道动力学运动方程并学习微分方程数值解法。

（2）设计 LEO、MEO、HEO、GEO 等典型类型的轨道，仿真航天器在这些轨道上的动态运动过程。

二、实验要求

（1）完成课堂习题的算法设计和程序设计，并上机调试通过。

（2）撰写实验报告，提供实验结果和数据。

（3）分析算法。要求：给出具体的算法分析结果，并简要给出算法设计小结和心得。

三、实验原理

在实际航天任务中，描述航天器轨道运动的微分方程相当复杂，在进行轨道计算时，除少数几种简化情况外，都不可能给出严格的解析解。因此，掌握有效的航天器轨道微分方程数值计算方法，提高计算的精确度和计算的效率是非常有实际应用价值的。

航天器轨道方程计算中常采用的数值解法通常要求具有以下两方面特征。第一，具有较高的数值精度。由于航天探测任务本身的特点，通常需要对运动方程进行长时间数值积分求解，这就导致了轨道积累误差的增大，因此要求具有较高的数值精度。第二，具有误差估计和变步长功能。航天器在整个飞行过程中，速度变化通常很大，这使得若采用固定步长方法，在保证计算精度的前提下，需要极其大量的积分步长和计算时间，而带误差估计的变步长方法可以很好地解决这个问题，虽然每一步的误差估计和补偿计算都会占用额外的计算时间，但带来了积分步数的显著降低，也使得整体计算量降低到可以接受的程度。

四、实验内容

（1）根据牛顿万有引力定律建立二体问题轨道动力学方程一阶方程组，利用 Mathematica 软件中的 NDSolve 函数数值求解轨道动力学方程；绘制状态分量随时间的变化情况，利用可视化函数综合显示；使用 Manipulate 功能实现航天器飞行过程动态演示。

（2）分析步长对计算精度的影响。调整"StartingStepSize"选项的取值，得到一系列坐标分量与轨道图，对比分析步长对计算结果的影响。

（3）在轨道上叠加显示一系列按时间等间隔分布的点，分析这些点所反映的轨道速度的变化规律。

（4）根据 GPS 卫星轨道参数，计算得到一组 GPS 卫星初始状态，代入上面程序仿真 GPS 星座的轨道构型，并将其与地球模型一同显示。

轨道的初始状态：

$$r = -5102\hat{I} - 8228\hat{J} - 2105\hat{K} \quad (\text{km})$$

$$v = -4.348\hat{I} + 3.478\hat{J} - 2.846\hat{K} \quad (\text{km/s})$$

五、实验步骤与结果

Mathematica 程序的主要构建过程如下：

第 1 步，根据给定初始条件采用四阶龙格－库塔法求解二体问题轨道，得到以插值函数形式表示的计算结果。主要代码如下：

```
crkamat = {{1/2}, {0,1/2}, {0,0,1}},

crkbvec = {1/6,1/3,1/3,1/6};

crkcvec = {1/2,1/2,1};

ClassicalRungeKuttaCoefficients[4,p_] := N[{crkamat,crkbvec,crkcvec},p];

Method→{"ExplicitRungeKutta","DifferenceOrder"→4,"Coefficients"→ClassicalRungeKuttaCoefficients}

a = NDSolve[{x'[t] == vx[t], y'[t] == vy[t],

vx'[t] == -x[t]/(x[t]^2 + y[t]^2)^(3/2), vy'[t] == -y[t]/(x[t]^2 + y[t]^2)^(3/2),

x[0] == 1, y[0] == 0, vx[0] == 0, vy[0] == 1.2}, {x,y,vx,vy}, {t,0,20},

Method→{"ExplicitRungeKutta","DifferenceOrder"→4,

"Coefficients"→ClassicalRungeKuttaCoefficients}, "StartingStepSize"→0.5]
```

第 2 步，绘制等时间间隔位置点，通过将一系列时间点代入插值函数得到。关键代码如下：

```
Show[ParametricPlot[{x[t],y[t]}/. a[[1]], {t,0,tt},

PlotStyle→{RGBColor[0.8,0,1.5],Thick}],

Graphics[{PointSize[0.02], Point[Table[{x[t],y[t]}/. a[[1]], {t,0,tt,0.4}]]}]]]
```

第 3 步，基于 Manipulate 函数，实现交互功能，控制轨道计算的时间段长度。关键代码如下：

```
Manipulate[Show[ParametricPlot[{x[t],y[t]}/. a[[1]], {t,0,tt},
```

```
PlotStyle→{RGBColor[0.8,0,1.5],Thick}],
Graphics[{PointSize[0.02],Point[Table[{x[t],y[t]}/.a[[1]],
{t,0,tt,0.4}]]}]],{tt,1,20},SaveDefinitions→True]
```

实验结果如图 10.1 所示。图中的实线表示飞行器的运动轨道，离散的点表示在等时间间隔内飞行器运动后所在的位置。

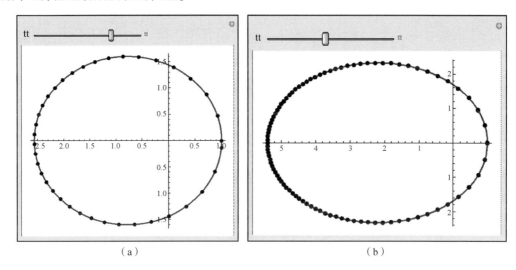

图 10.1　二体轨道及一系列按时间等间隔分布的标记点

（a）初始速度为 1.2（无量纲）；（b）初始速度为 1.5（无量纲）

从图中可以看出，飞行器的运动轨迹是椭圆轨道，并且当偏心率偏大时轨迹趋于圆形，偏心率偏小时轨迹趋于椭圆形。此外，两幅图像的左边的点稠密、右边的点稀疏，这说明飞行器在近地点时速度比较快，在远地点时速度比较慢，而这与开普勒第二定律（面积律）的描述也是一致的。

利用 Mathematica 软件来比较常见常微分数值分析法（欧拉法、中点法、龙格－库塔法、Adams 多步法等）的精确度。

根据给定的二体问题方程及初始条件，调用微分方程求解指令，使用不同的方法求解微分方程，并对比所得的数值解的求解精度，利用欧拉法求解的代码如下（其他求解方法的输入格式与此类似）：

```
a1 = NDSolve[{
x'[t]=vx[t],y'[t]=vy[t],z'[t]=vz[t],
```
$$vx'[t]=-\frac{x[t]}{(x[t]^2+y[t]^2+z[t]^2)^{3/2}},vy'[t]=-\frac{y[t]}{(x[t]^2+y[t]^2+z[t]^2)3/2},$$

$$vz'[t] = -\frac{z[t]}{(x[t]^2 + y[t]^2 + z[t]^2)^{3/2}}, x[0] = 1, y[0] = 0, z[0] = 0, vx[0] = 0, vy[0] = 1, vz[0] = 0.5\},$$

$$\{x, y, z, vx, vy, vz\}, \{t, 0, 30\}, Mathod - >"ExplicitEuler","StartingStepSize = 0.65"]$$

然后，调用绘图指令绘制轨道。关键代码如下：

$$ParametricPlot3D[\{x[t], y[t], z[t]\}/. a1[[1]], \{t, 0, 20\}, PlotStyle -> \{RGBColor[1.5, .5, 1],$$

$$Thick\}]$$

接下来，将几幅轨道图放在一起比较。关键代码如下：

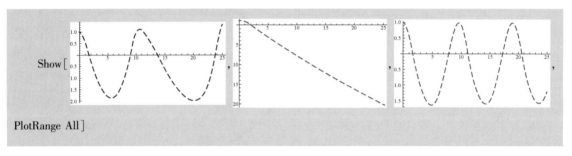

说明：在 Mathematica 编程环境下，图形可以直接作为函数的输入参数，这为编程带来了极大的灵活性。

实验结果如表 10.1、表 10.2 所示。

表 10.1　欧拉法的实验结果

步长	二维状态图	三维轨道图
1		
0.1		

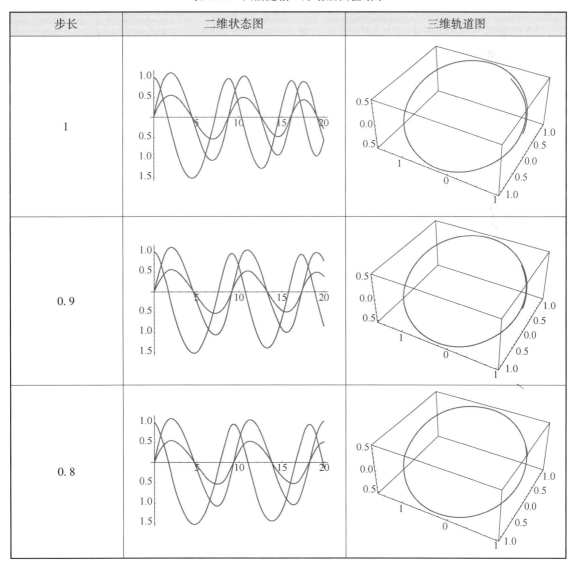

步长	二维状态图	三维轨道图
0.002		

表 10.2 四阶龙格－库塔法实验结果

步长	二维状态图	三维轨道图
1		
0.9		
0.8		

第 11 章

近地小行星探测轨道设计

一、实验目的

（1）掌握小行星探测轨道设计的基本理论和方法，并能在解决实际问题时灵活应用。

（2）设计从地球到小行星的航天器运行轨道。在给定地球停泊轨道的前提下，计算出轨道机动所需的速度增量，通过仿真系统展示航天器沿其设计的轨道到达小行星并返回的动态过程。

二、实验要求

（1）完成算法设计和程序设计，并上机调试通过。

（2）撰写实验报告，提供实验结果和数据。

（3）分析算法。要求：给出具体的算法分析结果（包括时间复杂度和空间复杂度），并简要给出算法设计小结和心得。

三、实验原理

按照行星际轨道设计的基本理论和方法，在给定一组由停泊轨道出发的发射时间、向小行星转移飞行时间、在小行星的停留时间和回程飞行时间的情况下，便可计算得到一条往返转移轨道，同时得到各阶段的 ΔV 消耗。具体计算过程如下：

第 1 步，根据给定的发射时间和向小行星转移飞行时间计算小行星和地球在 J2000 日心惯性坐标系中的位置矢量、速度矢量。

第 2 步，求解向小行星转移的兰伯特问题，得到转移轨道初始端和末端的速度矢量，在初始端与地球日心惯性坐标系速度矢量相减，得到相对地球的速度增量，设该增量为 v_a^∞，以该增量为地心惯性坐标系下的剩余速度，则由地球停泊轨道出发的 ΔV 消耗可按下式计算：

$$\Delta V = \sqrt{\left(v_a^\infty\right)^2 + \frac{2\mu_e}{R_{\text{parking}}}} - \sqrt{\frac{\mu_e}{R_{\text{parking}}}} \tag{11.1}$$

式中，μ_e——地球引力常数；

R_{parking}——地球停泊轨道的轨道半径。

如果所求转移轨道初始端和末端的速度增量之和大于 10 km/s，则停止本次计算，总 ΔV 消耗超出预算；否则，进行下一步。

第 3 步，根据给定的小行星停留时间和回程飞行时间，计算小行星和地球在 J2000 日心惯性坐标系中相应时刻的位置矢量、速度矢量。

第 4 步，求解由小行星向地球转移的兰伯特问题，得到转移轨道初始端和末端的速度矢量，将转移轨道初始端的 ΔV 消耗计入总 ΔV 消耗，根据转移轨道末端相对地球的速度差值 v_e^∞，按下式计算 110 km 再入速度：

$$V_{\text{再入}} = \sqrt{(v_e^\infty)^2 + \frac{2\mu_e}{6717.5 + 110}} \tag{11.2}$$

第 5 步，若总 ΔV 消耗小于 10 km/s 且再入速度小于 14 km/s，则转移轨道可行。

按照往返转移轨道飞行方案，对于给定的小行星，转移轨道可按出发时间、到达小行星的时间、在小行星的停留时间和返回地球的到达时间四个参数进行参数化，本实验将其作为主要设计变量。而其中关键涉及两个轨道转移段的计算，即飞向小行星的转移段和返回地球的转移段，这两个转移段轨道的实际计算对应两个兰伯特问题的求解。由于本实验需要对大量备选小行星在宽广的时间段进行转移轨道寻优计算，其中兰波特问题的求解精度、速度及鲁棒性直接影响最终分析的结果，制约参数寻优搜索的广度，因此针对往返转移轨道问题研究兰伯特问题的求解算法。在 J2000 日心惯性坐标系下，设转移轨道段初始日心位置矢量为 r_1（该矢量可由地球轨道星历和飞船出发时刻计算），转移轨道末端交会日心位置矢量为 r_2（该矢量可根据到达时间和小行星星历计算），设转移轨道段 r_1、r_2 点的速度分别为 v_1、v_2，飞行时间为 Δt，兰伯特问题的求解等价于对拉格朗日系数 f、g、$\dot{f}$ 和 $\dot{g}$ 的确定，并满足：

$$\begin{cases} r_2 = f r_1 + g v_1 \\ v_2 = \dot{f} r_1 + \dot{g} v_1 \end{cases} \tag{11.3}$$

拉格朗日系数 f、g、$\dot{f}$ 和 $\dot{g}$ 的计算可参见 2.6 节。

最终，得到转移轨道段 r_1、r_2 点的速度矢量 v_1、v_2。

在 Mathematica 中实现上述算法的基本代码：

```
LambFast (R1_,R2_,Δt_) := Module[{μΔt = Δt√μ,r1,r2,Δθ,A,y},r1 = R1;r2 = R2;

Δθ = If[R1[[1]]R2[[2]] − R1[[2]]R2[[1]] ≥ 0, cos⁻¹(R1.R2/r1r2), 2π − cos⁻¹(R1.R2/r1r2)];

A = sin(Δθ)√(r1r2/(1 − cos(Δθ)));

y = (A(#1 S(#1) − 1)/√C(#1) + r1 + r2&)((FindRoot[lambertFc(z,#1,#2,#3),
```

$$\{z,.1,2.1\}, \text{Evaluated} \rightarrow \text{False}][[1,2]] \&) \left(\frac{A}{AU}, \frac{\mu \Delta t}{AU^{3/2}}, \frac{r1+r2}{AU} \right);$$

$$\left(\left\{ \frac{R2 - \#1R1}{\#2}, \frac{\#3R2 - R1}{\#2} \right\} \& \right) \left(1 - \frac{y}{r1}, A\sqrt{\frac{y}{\mu}}, 1 - \frac{y}{r2} \right) \right];$$

iterateFlight (eleAstr_) : = Module[{r0,v0,r1,v1,r2,v2,r3,v3,ΔVout,ΔVin,ΔVback,transV0,transV1},

Reap[Do[{r0,v0} = EL2RVEarth (launch)@@eleEarth;

Do[{r1,v1} = EL2RV (launch + outTime)@@eleAstr;

{transV0,transV1} = LambFast2 (r0,r1,dayoutTime);

ΔVout = v ∞2vr (transV0 − v0) + v1 − transV1;

If[ΔVout > 10, Continue[ ]];

Do[{r2,v2} = EL2RV (launch + outTime + stay)@@eleAstr;

Do[{r3,v3} = EL2RVEarth (inTime + launch + outTime + stay)@@eleEarth;

{transV0,transV1} = LambFast2 (r2,r3,dayinTime);

ΔVin = transV0 − v2;

$$\Delta Vback = \sqrt{\frac{2\mu e}{6717.5 + 110}} + v3 - transV1^2;$$

If[ΔVback < 14 ∧ ΔVin + ΔVout < 10,

Sow[{eleAstr,launch,outTime,stay,inTime,

ΔVin + ΔVout}]], {inTime,20,200,15}], {stay,7,21,3}], {outTime,20,200,15}],

{launch,2036,9341,15}]]2];

飞行过程仿真如图 11.1 所示，小行星 2013 WA44 的一条星际往返转移轨道，转移轨道终端点落在小行星轨道与地球轨道相交区域附近，其中发射点用蓝色圆圈表示，任务结束点用蓝色方框表示，灰线为小行星轨道，红色虚线表示向小行星转移轨道段，绿色虚线表示返回轨道段。

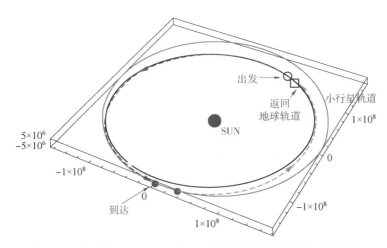

图 11.1　小行星 2013 WA44 的一条星际往返转移轨道（附彩图）

四、实验内容

设计从地球到小行星的航天器运行轨道。在给定地球停泊轨道的前提下，计算轨道机动所需的速度增量，通过仿真系统展示航天器沿其设计轨道到达小行星的动态过程。学生通过该实验学习分析和仿真在行星际轨道设计中复杂的非线性问题，获得对行星际轨道动力学本质的洞见，并通过编程实验探索新的飞行方案的可能性，催生创新性的新想法。

第 12 章

限制性三体问题中的
运动禁止区域、等效势能和轨道仿真

一、实验目的

（1）掌握深空探测航天器限制性三体问题（CRTBP）的基本理论和方法，并能在解决实际问题时灵活应用。

（2）学习轨道计算的数值积分方法与微分方程的数值解法，推导航天器限制性三体问题动力学模型。在此基础上，对比航天器二体模型和三体模型下的轨道特征，计算并分析三体模型下零速度面及其变化、运动禁止区域的概念和算法、等效势能函数的分解和物理意义，以及对典型轨道的计算仿真。

（3）掌握基于 Mathematica 的快速原型建模和数据分析方法，以及基于 Mathematica 的信息可视化和交互操作编程方法，进而探索限制性三体问题轨道动力学特性与规律。

二、实验要求

（1）用 Mathematica 完成算法设计和程序设计，并上机调试通过。

（2）撰写实验报告，提供实验结果和数据。

（3）分析算法。要求：给出具体的算法分析结果（包括时间复杂度和空间复杂度），并简要给出算法设计小结和心得。

三、基本原理

1. 零速度面及其变化

雅可比积分式是圆型限制性三体问题的一个积分，那么曲面

$$2\Omega(x,y,z) = C \tag{12.1}$$

为零速度面。在此曲面上，小天体的运动速度为零，积分常数由初始条件确定，即

$$C = 2\Omega(x_0,y_0,z_0) - v_0^2 \tag{12.2}$$

零速度面的几何结构将随雅可比常数 C 值的变化而变化。为了看清这一变化，用零速度面在 xy 平面上的截线（零速度线）来描述，随 C 值的变化采用 Mathematica 可视化函数，可得到图 12.1。从图中的变化可以看出，当 C 值较大时（对应速度 v 小），零速度面将整个空间分为四个部分，随着 C 值减小，分别包围两个主天体 P_1 和 P_2 的零速度面逐渐增大、靠

近、相接（在 L_1）直至连通。当 C 值再减小时，内部的零速度面扩大，与外部逐渐缩小的零速度面靠近、相接（在 L_2）而连通。最后通过 L_3 进一步联通。零速度面将整个空间分为两种区域，红色曲线围绕的部分为小天体运动的禁区，即 $v^2 < 0$，红色曲线以外的部分为小天体运动的可能区域，即 $v^2 > 0$。由雅可比积分可以看出，积分常数 C 值的减小意味着同一位置处速度的增大，这表明随着小天体初始速度的增大而其相应的运动可能区域将随之增大。特别是 $C_2 < C < C_1$ 的情况，不仅是一个简单的运动可能区域增大，更重要的是小天体的运动可能区域特征发生了变化，变为只能在主天体 P_1 和 P_2 附近的区域运动，到可能从一个主天体附近的局部区域运行到另一个主天体附近的局部区域。

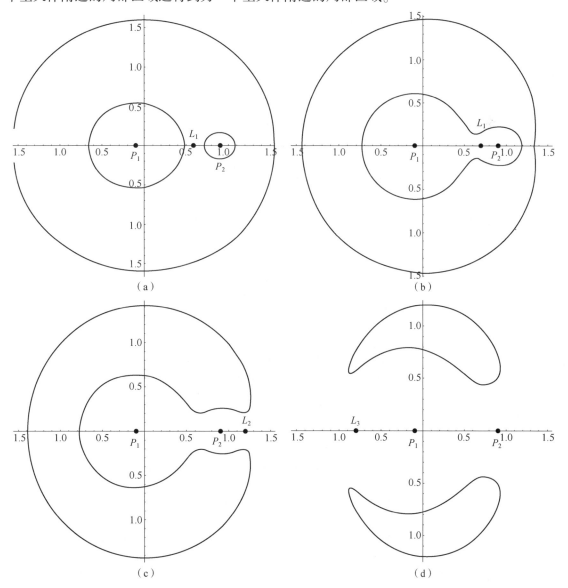

图 12.1 零速度面的几何结构随雅可比常数 C 值的变化图

（a）$C > C_1$ 的情况；（b）$C_2 < C < C_1$ 的情况；（c）$C_3 < C < C_2$ 的情况；（d）$C_4 < C < C_3$ 的情况

2. 等效势能仿真

质点 P（探测器）的机械能可表示为

$$\xi = \frac{1}{2}(\dot{X}^2 + \dot{Y}^2 + \dot{Z}^2) - U^* \tag{12.3}$$

无量纲化后表示为

$$E = \frac{1}{2}(\dot{x}^2 + \dot{y}^2 + \dot{z}^2) - \Omega \tag{12.4}$$

故雅可比积分与初始机械能的关系为

$$C = -2E \tag{12.5}$$

因此，$-C$ 为初始动能与初始势能之和的两倍，C 值越大，则表示能量越小。

虽然雅可比积分不能确定质点 P 的全部运动规律，但通过研究雅可比积分，仍能得到有关质点运动的丰富信息。对于给定的 C 值，由质点动能不能为负，可以得到等效势能 Ω 满足下式：

$$2\Omega \geqslant C \tag{12.6}$$

等效势能函数仅是位置的函数，对于平面圆型限制性三体问题，等效势能函数为

$$\Omega = \frac{1}{2}(x^2 + y^2) + \frac{1-\mu}{\sqrt{(x+\mu)^2 + y^2}} + \frac{\mu}{\sqrt{(x-1+\mu)^2 + y^2}} \tag{12.7}$$

用 Mathematica 编程绘制该函数三维几何构型，如图 12.2 所示。

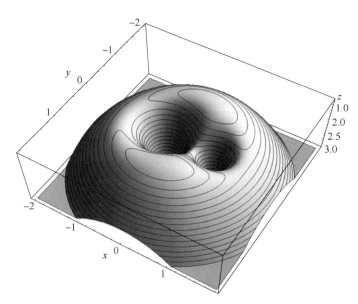

图 12.2　平面圆型限制性三体问题等效势能函数曲面（$\mu = 0.3$）

该等效势能曲面有两个极大值点（对应两个三角平动点）和 3 个鞍点（对应 3 个共线平动点），图中也画出了不同高度（对应不同的雅可比能量）的等高线，这些等高线对应雅可比能量下的零速度曲线。

　　将等效势能函数（式(12.7)）中的第一项记为 A、第二项记为 B、第三项记为 C，B、C 两项代表两个主天体对探测器的引力势能场，A 项代表在旋转坐标系下产生的离心势能。然后，用 Mathematica 编程模拟等效势能中各分量叠加的过程。主天体 P_1 和主天体 P_2 对探测器的引力势能场的叠加如图 12.3 所示。将两个主天体叠加后的势能场与探测器在旋转坐标系下产生的离心势能相加，最终得到探测器总的等效势能面，如图 12.4 所示。

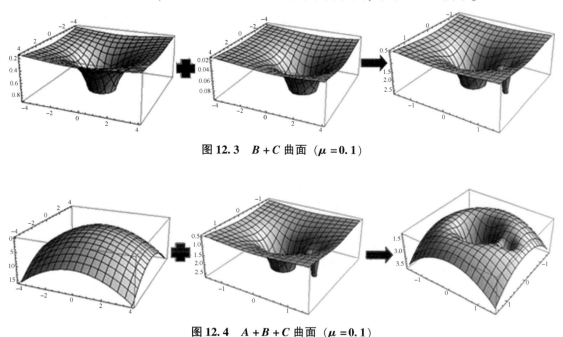

图 12.3　$B + C$ 曲面（$\mu = 0.1$）

图 12.4　$A + B + C$ 曲面（$\mu = 0.1$）

3. 典型 CRTBP 轨道仿真

　　利用 Mathematica 软件的可视化仿真，实现探测器在旋转坐标系下呈现的轨迹，同时设定几个可调节的参数，包括两个主天体的质量比 μ 和轨道初始值 x_0，通过调节参数取值可得到不同运行轨道。为了观察方便，将轨道的初始位置设定在 x 轴上（即 $y_0 = 0$），设定 $vx_0 = 0$，即轨道垂直 x 轴出发。具体步骤如下：

　　第 1 步，根据给定的限制性三体问题方程，将运动方程转化为一阶形式，调用微分方程求解指令求解微分方程。限制性三体问题微分方程数值计算的关键代码如下：

```
sol = NDSolve[ {
vx[t] == x'[t], vy[t] == y'[t],
vx'[t] = 2vy[t] + x[t] - (1-μ)(x[t]+μ)/((x[t]+μ)²+y[t]²)^(3/2) - μ(x[t]-1+μ)/((x[t]-1+μ)²+y[t]²)^(3/2),
vy'[t] = -2vx[t] + y[t] - (1-μ)y[t]/((x[t]+μ)²+y[t]²)^(3/2) - μy[t]/((x[t]-1+μ)²+y[t]²)^(3/2),
x[0] = x0, y[0] = y0, vx[0] = vx0, vy[0] = vy0}, {x,y,vx,vy}, {t,0,orbtime1} ];
```

第 2 步，调用绘图指令 Parametric Plot 绘制探测器运行轨道。其中，两个大天体标为红色点，探测器初始位置标为绿色点，将此图记为 g1，以便后续程序调用。具体代码如下：

```
g1 = ParametricPlot[
Evaluate[{x[t],y[t]}/.sol[[1]]],{t,0,orbtime1},
Axes→True,PlotPoints→40,
Prolog→{Red,PointSize[.02],Point[{-μ,0}],Point[{1-μ,0}],
Green,Point[{x0,y0}]},
PlotRange→{{-imageSize,imageSize},{-imageSize,imageSize}}]
```

第 3 步，绘制运动可能区域。暂定雅可比能量 jacobiC = 3.4，将此图像记为 g2。关键源代码如下：

$$jacobiC = 3.4; y0 = 0; vx0 = 0;$$
$$vy0 = \sqrt{2\Omega[x0,y0,\mu] - jacobiC};$$
$$\Omega[x_-,y_-,\mu_-] := \frac{1}{2}(x^2 + y^2) + \frac{1-\mu}{\sqrt{(x+\mu)^2 + y^2}} + \frac{\mu}{\sqrt{(1-\mu-x)^2 + y^2}};$$

```
g2 = ContourPlot[Ω[x,y,μ] = jacobiC/2,
{x,-imageSize,imageSize},{y,-imageSize,imageSize},
MaxRecursion→Automatic,ColorFunction→(Hue[0.8#]&),
Frame→False,Axes→False]
```

第 4 步，使用 Show 指令将第 2、3 步所得的图形绘制在同一图像中。代码如下：

```
Show[g1,g2];
```

第 5 步，设定可调节参数。

（1）运行时间：范围为 0.05 ~ 25，步长为 0.5，初始值设定为 10。

（2）质量比 μ：范围为 0.1 ~ 0.6，初始值设定为 0.3。

（3）图像大小：更改运行轨迹在画面中大小。

（4）位置初始值 x_0：范围为 -1 ~ 1，初始值为 -0.18（初始值尽量不要选择运动可能区域以外的数值，否则程序会报错而无法绘制轨道）。

关键程序如下：

```
{{orbtime1,10,"endtime"},0.05,25,0.5,Appearance→"Labeled",ImageSize→Small},
{{μ,0.3},0.1,0.6,ImageSize→Tiny},
{{imageSize,1.5},1,4,ImageSize→Tiny},
{{x0,-0.18},-1,1,ImageSize→Tiny},
```

第 6 步，使用 Manipulate 指令将上述第 1 ~ 5 步的指令汇合，再进行处理操作。

4. 基本轨道仿真结果

（1）雅可比能量 $\text{jacobiC} = 3.4$，两个大天体的质量比 $\mu = 0.1$，改变初始值 x_0，仿真结果如图 12.5 所示。雅可比能量、质量比 μ 不变，运动禁止区域保持不变，改变初值 x_0 后，初始速度 v_0 随之改变，从而形成不同的轨道。由图可知，初始位置对于探测器的运行轨道非常重要，图中所示的轨道可以从围绕一个大天体转移到围绕另一个大天体，从而完成了轨道的转移任务。

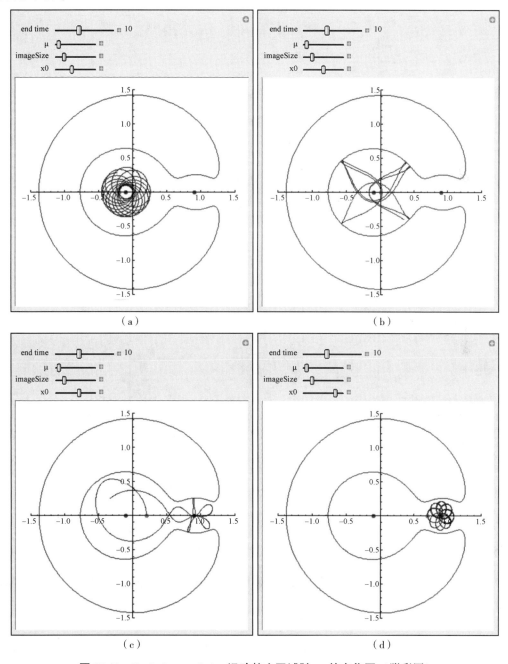

图 12.5　$C = 3.4$，$\mu = 0.1$，运动禁止区域随 x_0 的变化图（附彩图）

$(a) x_0 = -0.2$；$(b) x_0 = 0$；$(c) x_0 = 0.2$；$(d) x_0 = 0.7$

（2）雅可比能量 jacobiC $=3.4$，初始值 $x_0 = 0.1$，改变质量比 μ，仿真结果如图 12.6 所示。改变质量比 μ，运动禁止区域发生变化，初始速度 v_0 也改变，从而形成不同的轨道。

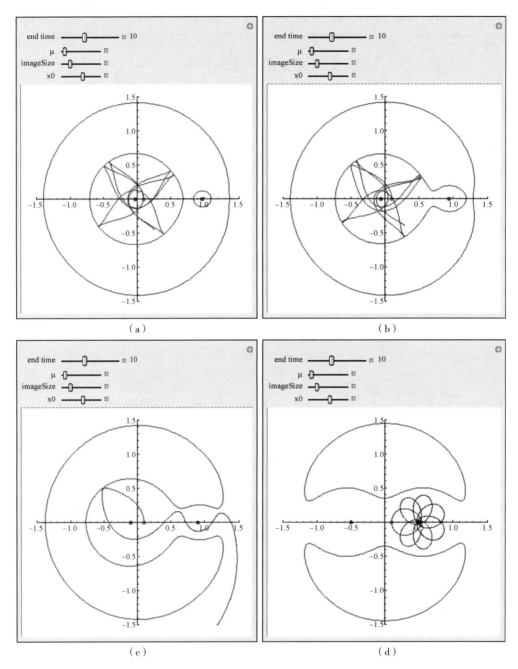

图 12.6　$C = 3.4$ 时，$x_0 = 0.1$ 运动禁止区域随 μ 的变化图（附彩图）

(a)$\mu = 0.03$；(b)$\mu = 0.06$；(c)$\mu = 0.1$；(d)$\mu = 0.5$

从以上两个实验大致可以看出轨道分为四类：只能在主天体 P_1 附近区域运动的轨道；只能在主天体 P_2 附近区域运动的轨道；从一个主天体附近的局部区域运行到另一个主天体

附近的局部区域的轨道；完成轨道转移后继续向外延伸的形成轨道。研究各种轨道的形成规律，对深空探测的轨道分析是十分重要的。

四、实验内容

根据航天器限制性三体问题（CRTBP）动力学模型，计算给定航天器状态下的雅可比能量积分，绘制运动禁止区域和等效势能曲面，在此基础上对航天器限制性三体问题模型下的轨道进行可视化和交互仿真，探索限制性三体问题轨道动力学的特性与规律。

第 13 章

航天器在旋转坐标系下的动力学方程及其直观理解

一、实验目的

（1）掌握在旋转坐标系下建立航天器动力学方程的通用方法，明确方程中各项所对应的物理含义，掌握科里奥利力、离心力、引力等不同类型力的来源和特征，能够在惯性坐标系与旋转坐标系之间进行自由变换。

（2）学生经历由抽象的演算推导到直观物理含义再到现象本质的理解过程，从而提高分析问题、解决问题的能力。

二、实验要求

（1）完成算法设计和程序设计，并上机调试通过。

（2）撰写实验报告，提供实验结果和数据。

（3）分析算法。要求：给出具体的算法分析结果，并简要给出算法设计小结和心得。

三、实验原理

圆型限制性三体问题动力学模型是深空探测领域具有基础重要性的理论框架，它能够很好地描述航天器在实际天体系统引力下的运动规律。得到航天器在旋转坐标系下的动力学方程，是对圆型限制性三体问题进行研究、分析的基础。通过在旋转坐标系下研究航天器轨道力学，不但能使动力学模型由非自治系统简化为自治系统，而且能使圆型限制性三体问题中的许多重要特征显而易见。旋转坐标系是一种典型的非惯性坐标系，在这种坐标系下的航天器运动规律有许多与人们的日常经验相违背。学生应明晰辨别旋转坐标系与惯性坐标系的异同，正确建立旋转坐标系下新的理解和直觉模式。

1. 惯性坐标系与旋转坐标系下的飞行轨迹对比

在地球和月球构成的天体系统内，研究航天器在地球和月球引力作用下的运行规律，我们通常选取地月系统的质心作为衡量航天器位置的坐标原点。显然，我们若在惯性坐标系中观察，这时地球和月球都绕原点做匀速圆周运动，那么航天器的运动是怎样的呢？
图 13.1 所示为惯性坐标系下的航天器飞行轨迹的 3 个示例。

　　显然，由于航天器受两个天体的引力作用，运行轨道不再是圆、椭圆等圆锥曲线，并
且，由于地球和月球本身也在运动，航天器的轨道就更加复杂，因此从图 13.1 中很难掌握
航天器的运动规律。于是，我们降低该问题的复杂度：假设在一个新的坐标系下观察航天器
的运行轨迹，在这个坐标系下，地球和月球的位置是固定不变的，即新的坐标系也随地球和
月球绕原点做匀速圆周运动。在这个旋转坐标系下，航天器的运动是怎样的呢？同样对于
图 13.1 中的三个示例，可以得到图 13.2 所示的轨迹。

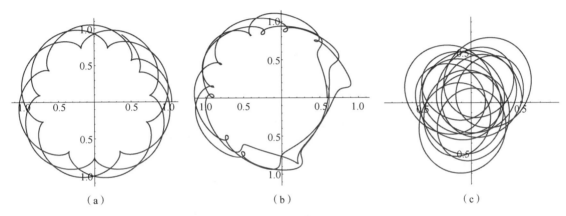

（a）　　　　　　　　　　　（b）　　　　　　　　　　　（c）

图 13.1　惯性坐标系下的航天器飞行轨迹示例

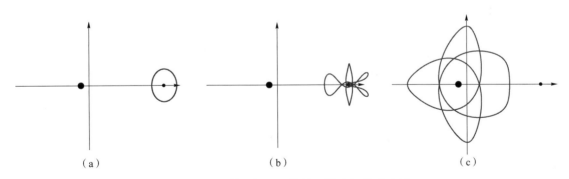

（a）　　　　　　　　　　　（b）　　　　　　　　　　　（c）

图 13.2　旋转坐标系下的航天器飞行轨迹示例

　　不难发现，在旋转坐标系下，航天器的飞行轨道不但得到简化，而且变得更有规律，为
进一步研究带来了方便。

2. 旋转坐标系下动力学方程的推导

　　在惯性坐标系中，根据牛顿万有引力定律，我们不难得到航天器在地球和月球引力作用
下的运行规律，其构型如图 13.3 所示。P_1、P_2 分别代表地球和月球，P 为航天器，航天器
的位置向量为 $\boldsymbol{R}$，地球和月球到航天器的向量分别为 $\boldsymbol{R}_1$、$\boldsymbol{R}_2$。

将长度、时间、质量单位做归一化处理，可得到航天器的运动方程：

$$\ddot{\boldsymbol{R}} = -\frac{(1-\mu)\boldsymbol{R}_1}{R_1^3} - \frac{\mu\boldsymbol{R}_2}{R_2^3} \tag{13.1}$$

式中，μ——质量比常数，

$$\mu = \frac{M_2}{M_1 + M_2} \tag{13.2}$$

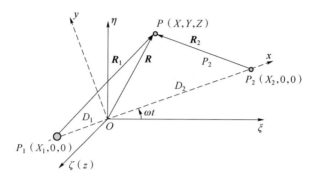

图 13.3　航天器在地球和月球引力作用下的构型

接下来，根据航天器在惯性坐标系中的运动方程，推导航天器在旋转坐标系中的运动方程。假设航天器、地球和月球在旋转坐标系中的坐标矢量分别为 $\boldsymbol{r}$、$\boldsymbol{r}_1'$、$\boldsymbol{r}_2'$，则地球和月球到航天器的向量为

$$\boldsymbol{r}_1 = \boldsymbol{r} - \boldsymbol{r}_1', \boldsymbol{r}_2 = \boldsymbol{r} - \boldsymbol{r}_2' \tag{13.3}$$

根据坐标旋转变换，可得 $\boldsymbol{r}$ 与 $\boldsymbol{R}$ 的转换关系：

$$\boldsymbol{R} = \boldsymbol{R}_z(-t)\boldsymbol{r} = \begin{pmatrix} \cos t & -\sin t & 0 \\ \sin t & \cos t & 0 \\ 0 & 0 & 1 \end{pmatrix} \begin{pmatrix} x \\ y \\ z \end{pmatrix} \tag{13.4}$$

对该式求取一阶导数和二阶导数：

$$\begin{cases} \dot{\boldsymbol{R}} = \dot{\boldsymbol{R}}_z(-t)\boldsymbol{r} + \boldsymbol{R}_z(-t)\dot{\boldsymbol{r}} \\ \ddot{\boldsymbol{R}} = \ddot{\boldsymbol{R}}_z(-t)\boldsymbol{r} + 2\dot{\boldsymbol{R}}_z(-t)\dot{\boldsymbol{r}} + \boldsymbol{R}_z(-t)\ddot{\boldsymbol{r}} \end{cases} \tag{13.5}$$

代入式（13.1）整理，可得航天器在旋转坐标系中的运动方程：

$$\begin{cases} \ddot{x} = 2\dot{y} + x - \dfrac{(1-\mu)x}{|\boldsymbol{r}_1|^3} - \dfrac{\mu x}{|\boldsymbol{r}_2|^3} \\[2mm] \ddot{y} = -2\dot{x} + y - \dfrac{(1-\mu)y}{|\boldsymbol{r}_1|^3} - \dfrac{\mu y}{|\boldsymbol{r}_2|^3} \\[2mm] \ddot{z} = -\dfrac{(1-\mu)z}{|\boldsymbol{r}_1|^3} - \dfrac{\mu z}{|\boldsymbol{r}_2|^3} \end{cases} \tag{13.6}$$

3. 旋转坐标系下动力学方程的物理内涵

我们采用坐标变换的方式推导了运动方程，但还没有理解其物理含义，因此也不清楚它对应的动力学系统具有怎样的行为特征，下面我们进一步分析。将式（13.6）写成下面的形式：

$$\begin{pmatrix} \ddot{x} \\ \ddot{y} \\ \ddot{z} \end{pmatrix} = 2\begin{pmatrix} \dot{y} \\ -\dot{x} \\ \dot{z} \end{pmatrix} + \begin{pmatrix} x \\ y \\ 0 \end{pmatrix} + \begin{pmatrix} -\dfrac{(1-\mu)x}{|\boldsymbol{r}_1|^3} - \dfrac{\mu x}{|\boldsymbol{r}_2|^3} \\ -\dfrac{(1-\mu)y}{|\boldsymbol{r}_1|^3} - \dfrac{\mu y}{|\boldsymbol{r}_2|^3} \\ -\dfrac{(1-\mu)z}{|\boldsymbol{r}_1|^3} - \dfrac{\mu z}{|\boldsymbol{r}_2|^3} \end{pmatrix} \tag{13.7}$$

可以发现，式（13.7）的右边第一项 $2\begin{bmatrix} \dot{y} & -\dot{x} & \dot{z} \end{bmatrix}^\mathrm{T}$ 对应的加速度只与 x、y 方向速度有关，并始终垂直于 x、y 方向速度矢量，它其实对应的正是旋转坐标系下的科里奥利加速度。一般地，对于转速为 $\boldsymbol{\omega}$ 的旋转坐标系，科里奥利加速度为

$$\boldsymbol{a}_1 = 2\boldsymbol{v} \times \boldsymbol{\omega} \tag{13.8}$$

类似于洛伦兹力，科里奥利力只改变运动方向，不改变速度大小。图 13.4 所示为转速 $\boldsymbol{\omega}$ 变化时，一系列粒子仅在科里奥利力作用下的运行轨迹，可以证明，这些轨迹均是圆弧。

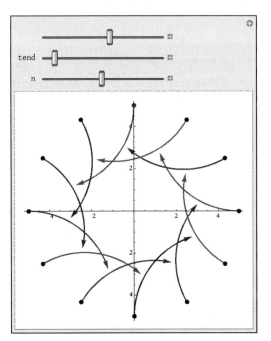

图 13.4 动态演示

图 13.4　粒子仅在科里奥利力作用下的运行轨迹

很明显，式（13.7）的右边第二项 $\begin{bmatrix} x & y & 0 \end{bmatrix}^\mathrm{T}$ 对应的加速度只与旋转坐标系下的 x、y 方向位置有关，并始终指向旋转轴，这其实正对应旋转坐标系下的离心加速度。一般地，对于转速为 $\boldsymbol{\omega}$ 的旋转坐标系，离心加速度可表示为

$$\boldsymbol{a}_2 = \boldsymbol{\omega}^2 \boldsymbol{r} \tag{13.9}$$

图 13.5 所示为转速 ω 变化时，一系列粒子仅在离心力作用下的运行轨迹。

图 13.5 动态演示

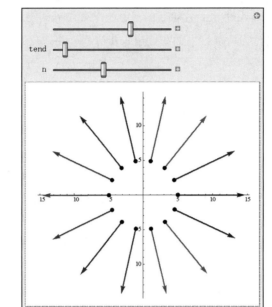

图 13.5　粒子仅在离心力作用下的运行轨迹

以上介绍的方程右边的两项就构成纯粹由坐标系旋转所引起的等效加速度。如图 13.6 所示，利用 Manipulate 函数生成动态仿真控件，可以演示转速 ω 变化时，科里奥利力和离心力同时作用的效果。

图 13.6 动态演示

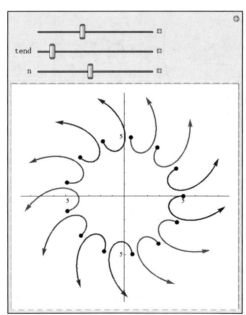

图 13.6　粒子在科里奥利力和离心力同时作用下的轨迹

最后，将式（13.7）的右边第三项 $\left[-\dfrac{(1-\mu)x}{|\boldsymbol{r}_1|^3} - \dfrac{\mu x}{|\boldsymbol{r}_2|^3} \quad -\dfrac{(1-\mu)y}{|\boldsymbol{r}_1|^3} - \dfrac{\mu y}{|\boldsymbol{r}_2|^3} \quad -\dfrac{(1-\mu)z}{|\boldsymbol{r}_1|^3} - \dfrac{\mu z}{|\boldsymbol{r}_2|^3} \right]^{\mathrm{T}}$ 与惯性坐标系下的动力学方程比较，不难发现，其形式是完全一样的，因此该项正是地球、月球引力所引起的加速度，只不过在旋转坐标系下，地球、月球位置始终不变，导致方程中不显含时间，构成自治系统，使问题研究得到简化。下面编程用动态仿真演示了一系列粒子仅在地、月引力力作用下的运行轨迹，如图 13.7 所示。

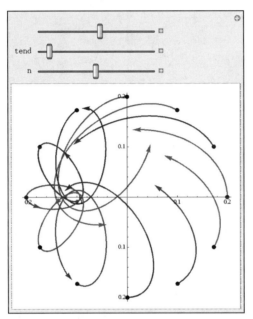

图 13.7 动态演示

图 13.7　粒子仅在地月引力作用下的运行轨迹

4. 两种坐标系中的轨迹综合对比

经过以上分析，可掌握旋转坐标系下动力学方程中各项的物理意义。接下来，利用软件编程，综合式（13.8）右边三项加速的共同作用，同时将航天器在惯性坐标系和旋转坐标系下的轨迹动态显示（图 13.8），并且在旋转坐标系随时间旋转的同时，该坐标系下的轨迹也同步跟随旋转，读者可认真观察并体会轨迹随着时间的演化在两种坐标系中的形成过程。

在了解动力学方程中各项的物理意义后，读者可进一步融会贯通，对其他种类的惯性坐标系下动力学模型，无须方程推导，即可直接写出旋转坐标系下的动力学方程。例如，在只考虑地球引力的作用下，对于航天器在地心旋转坐标系下的动力学方程，我们将方程右边第三项替换为地球引力加速度模型，便可直接得到。动态仿真过程如图 13.9 所示。

借助于编程的交互性能，我们可研究各种航天器轨道（如圆轨道、椭圆轨道、双曲轨道、混沌轨道）在旋转坐标系下的构型和形成过程，自由设置初始状态、时间和旋转角速度，即时观察对轨道构型的影响。

图 13.8 动态演示

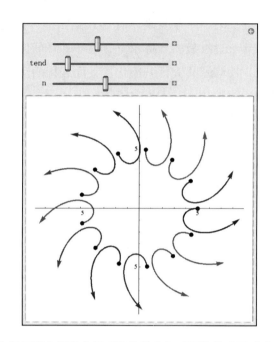

图 13.8　将航天器在惯性坐标系和旋转坐标系下的轨迹同时进行动态显示

图 13.9 动态演示

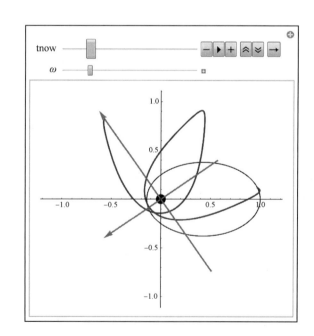

图 13.9　在二体问题模型下将航天器在惯性坐标系和旋转坐标系下的轨迹同时显示

四、实验内容

（1）编程绘图对比航天器在惯性坐标系与旋转坐标系下的飞行轨迹。

（2）仿真分析旋转坐标系下动力学方程中各项的物理意义，仿真动力学方程中各项单独作用下的轨道效果。

（3）将航天器在惯性坐标系和旋转坐标系下的轨迹在同一个仿真界面内进行综合显示，动态仿真两种轨迹的生成过程。

参考文献

［1］CURTIS H D. 轨道力学［M］. 周建华，徐波，冯全胜，译. 北京：科学出版社，2009.

［2］李广宇. 天球参考系变换及其应用［M］. 北京：科学出版社，2010.

［3］BOULET D L. Methods of orbit determination for the microcomputer［M］. Virginia：Willmann – Bell，1991.

［4］SEIDELMANN P K，URBAN A E. Explanatory supplement to the astronomical almanac［M］. New York：W. H. Freeman Co. Ltd，1992.

［5］BOND V R，ALLMAN M C. Modern astrodynamics：Fundamentals and perturbation methods ［M］. Princeton：Princeton University Press，1996.

［6］FEHLBERGE. NASA TR R – 287［R］. 1968.

［7］郗晓宁，王威，高玉东. 近地航天器轨道基础［M］. 长沙：国防科技大学出版社，2003.

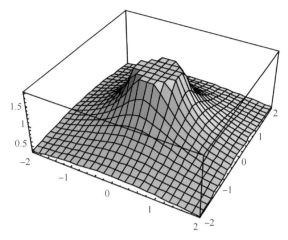

图 3. 5　**Plot3D** 图形绘制示例

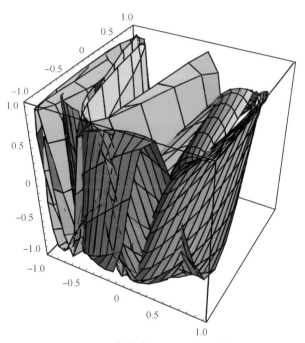

图 3. 8　参数曲面图形绘制示例

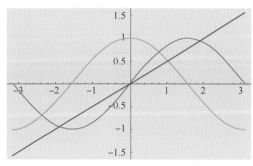

图 3. 18　设置图形绘制背景

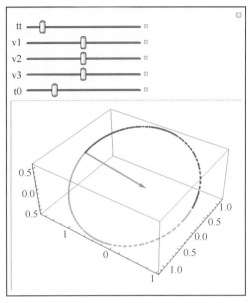
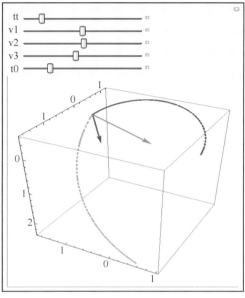

（a）　　　　　　　　　　　　　　　　　　　　（b）

图 7.1　轨道机动仿真界面

（a）变轨之前的航天器轨道构型；（b）变轨之后的航天器轨道构型

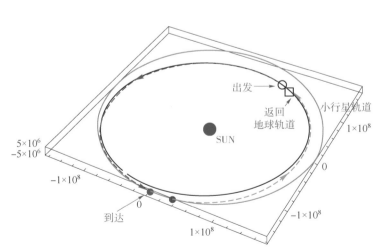

图 11.1　小行星 2013 WA44 的一条星际往返转移轨道

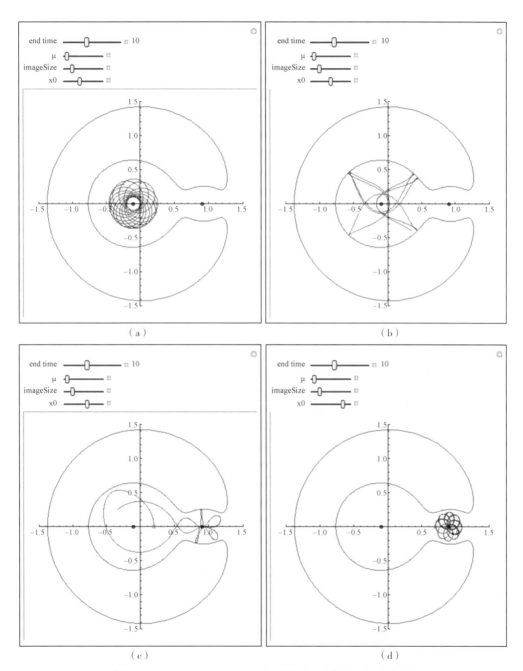

图 12.5　$C = 3.4$，$\mu = 0.1$，运动禁止区域随 x_0 的变化图

（a）$x_0 = -0.2$；（b）$x_0 = 0$；（c）$x_0 = 0.2$；（d）$x_0 = 0.7$

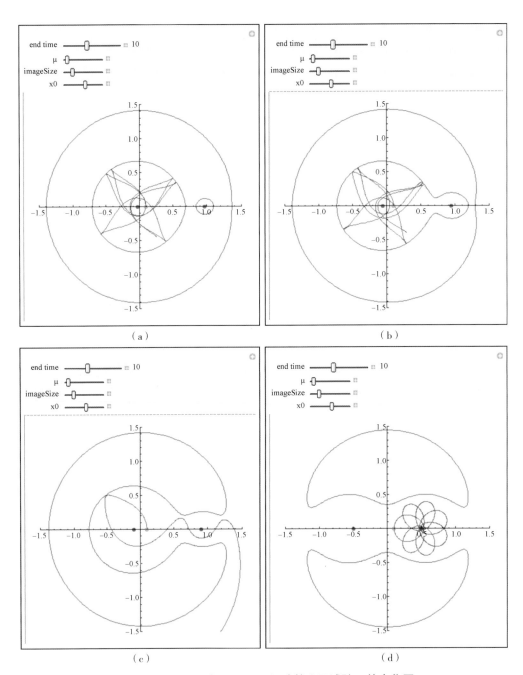

图 12.6 $C = 3.4$ 时，$x_0 = 0.1$ 运动禁止区域随 μ 的变化图

（a）$\mu = 0.03$；（b）$\mu = 0.06$；（c）$\mu = 0.1$；（d）$\mu = 0.5$